무인 항공기
드론
소프트웨어를 만나다!

크라운출판사
http://www.crownbook.com

Preface

　드넓은 하늘을 자유로이 날아다니면서 사진을 촬영하거나 동영상, 영화를 찍을 수 있는 드론은 최근 몇 년 사이에 급격하게 대중화되었다. 보통 무인 항공기(Unmanned Aerial Vehicles, UAVs)라고 불리는 이 신기한 물건은 복잡하고 다양한 일을 수행할 수 있는데, 겉보기에는 복잡해 보이는 구조와 달리 의외로 간단한 원리이자 가장 기본적인 물리 법칙인 뉴턴의 운동 법칙에 의해서 작동한다. 사실 드론뿐만 아니라 우리가 살아가는 공간에 존재하는 대부분의 사물은 뉴턴의 운동 법칙에 의해서 수학적으로 서술될 수 있다. 이러한 점은 우리가 어떤 사물을 수학적으로 표현하고 분석하여 새로운 의미와 가치를 갖는 수식이나 기술을 만드는 기본적인 원리가 될 수 있다. 이렇게 만들어 낸 수식을 사용하여 우리는 의미 있는 숫자를 계산할 수 있으며, 의미 있는 숫자, 즉 필요한 수치를 계산하기 위하여 컴퓨터를 이용하고, 컴퓨터를 이용하기 위해서 프로그램을 작성한다. 드론에 있어 의미 있는 수치는 지표면에 대해 기울어진 정도, 모터의 회전 속도, 배터리의 전압 등을 들 수 있다. 그리고 이러한 수치를 바탕으로 우리가 원하는 수치, 즉 모터를 얼마나 빨리 회전시킬 것인지, 또 어떤 모터를 움직일 것인지를 결정하는 프로그램을 작성할 수 있다. 따라서 잘못된 프로그램을 작성할 경우 올바른 데이터를 입력하더라도 엉뚱한 값을 출력하여 정상적으로 작동하지 않거나 정상적으로 작동하더라도 굉장히 낮은 효율로 작동할 수 있다. 예를 들면 우리가 스마트폰을 사용하지 않을 때에는 화면이 꺼져 있는 것이 좋다. 물론 켜져 있더라도 상관은 없지만 불필요한 전력을 소모하게 되고 나중에 필요할 때 배터리가 없어 사용하지 못하는 일이 발생할 수 있다. 드론에 있어서도 마찬가지로 적용할 수 있다. 레이싱 드론과 같이 빠른 반응 속도를 필요로 하는 경우 에너지 소모가 많더라도 모터에 많은 전력을 인가하여 빠른 속도로 움직여야 할 것이다. 만일 레이싱 드론에 에너지 효율이 중요한 상업용 드론 소프트웨어를 사용할 경우 원하는 작동을 하지 않을 뿐만 아니라 고속으로 회전해야 효율이 좋은 레이싱 드론용 모터와 불합하여 결국 전체 시스템이 조화롭지 못하게 되어 에너지 낭비가 심할 것이다. 이와 같이 만들고자 하는 물건에 따라 적절한 소프트웨어를 이용하는 것은 중요하다.

사실 드론에 있어서 소프트웨어의 역할은 거의 드론 그 자체라고 볼 수 있다. 소프트웨어가 없는 드론은 비행이 거의 불가능할 것이며, 비행을 한다 하더라도 모든 모터를 일일이 수동으로 조절해야 하므로 부드럽게 비행하는 것이 불가능하다. 이렇듯 중요한 소프트웨어지만, 자못 소프트웨어의 역할을 과소평가하는 경우가 있다. 본 책에서는 드론에 있어 소프트웨어의 역할을 서술하고 또 직접 소프트웨어를 작성해 봄으로써 소프트웨어의 중요성을 이해하고 드론의 자세한 비행 원리와 소프트웨어적 제어 원리를 파악하여 독자의 소프트웨어 개발 및 제작 역량을 기르는 것을 목적으로 한다.

저자 정성욱

Contents

무인 항공기 드론,
소프트웨어를
만나다

Part 1

프로그래밍
시작하기

GO WITH AI

도구(Tool)는 만물의 영장으로 불리는 인간이 가진 최고의 무기라고 할 수 있다. 다른 동물과 달리 신체적 능력이 약한 인간은 다양한 도구를 만들어 내어 이러한 약점을 보완해 왔다. 구석기시대의 인류가 사용한 '뗀석기'는 동물들의 발톱과 뿔에 대항하기 위한 최고의 공격 수단이었다. 뗀석기를 이용하여 동물을 사냥하여 고기를 얻고, 또 밀이나 보리 등을 수확하여 식량 자원을 확보할 수 있었다. 특히 동물 사냥의 부산물인 동물의 뼈는 획득이 수월하고 강도가 있어 쓸 만한 무기로 사용될 수 있었다.

물론 인류는 공격을 위한 사냥 도구만을 만들지 않았다. 인류 최고의 발명품이자 가장 오래되고 중요한 발명품으로 일컬어지는 바퀴는 약 기원전 4000년경부터 사용되기 시작하였다. 당시의 바퀴는 수레 등을 만드는 데 사용되지 않고 물레나 방아와 같은 단순한 기계장치의 일부로서 작동하였다. 기원전 3500년경의 메소포타미아 문명은 인류 최초로 바퀴를 이용한 수레를 제작하여 사용하였다. 바퀴는 적은 힘으로 무거운 물체를 옮길 수 있는 효율적인 기계였으며, 인류의 농경, 군사, 교통체계에 큰 변화를 가져왔다.

바퀴만큼이나 인류의 전반적인 생활에 큰 변화를 몰고 온 것은 컴퓨터라고 할 수 있다. 컴퓨터는 특정한 명령이나 프로그램을 통하여 자동적으로 계산이나 작업을 수행하는 기계로서, 현대 문명에 없어서는 안 될 중요한 역할을 차지하고 있다. 자그마한 탁상시계부터 자율주행이 가능한 자동차, 하늘을 자유로이 날아다니는 비행기에 이르기까지 컴퓨터가 사용되는 분야는 매우 다양해서 안 쓰이는 분야를 찾기 어려울 정도이다. 이와 같이 널리 쓰이는 컴퓨터를 사용하기 위해서는 "프로그램(Program)"이라는 소프트웨어 집합을 제작할 수 있어야 한다. 최근에는 운영체제(Operating System)의 발달과 컴퓨터 소프트웨어 시장의 확대로 인해 사용자가 직접 프로그램을 제작하여 컴퓨터를 사용하지 않지만, 상용 프로그램이 제공하지 않는 기능이나 계산을 수행하려면 직접 프로그램을 제작해야 한다. 이때, 프로그램을 제작하는 도구가 되는 것이 바로 프로그래밍 언어(Programming Language)이다. 프로그래밍 언어는 크게 인터프리터 언어(Interpreter Language)와 컴파일 언어로 분류할 수 있으며 대표적으로 C언어와 파이

썬(Python) 등이 있다. 또한 컴파일 언어와 인터프리터 언어의 중간 성격을 갖는 바이트 코드
(Byte Code) 언어가 있다.

컴파일 언어	인간이 쉽게 이해할 수 있게 작성된 C언어와 같은 고급 언어를 *컴파일러(Compiler)라는 번역 툴을 이용하여 기계어로 번역하여 프로그램을 수행하는 형태의 언어이다. 실행 속도가 빠르고 보안성이 높으며 대부분의 기능을 직접 제어할 수 있으나 프로그램의 위험성이 크며 개발 속도가 느리다. C언어 및 델파이, C++언어가 해당된다.
인터프리터 언어	인터프리터(Interpreter)의 사전적인 의미는 '해석기'이다. 인터프리터 언어는 프로그래밍 언어의 소스 코드를 별도의 컴파일 과정 없이 배포하여 실행할 때마다 소스 코드를 기계어로 번역한다. 따라서 프로그램 실행 도중에 소스 코드를 수정할 수 있어 개발 속도가 빠르다는 장점이 있으나, 컴파일 언어에 비해 실행 속도가 느리고 실행 도중에 소스 코드를 수정할 수 있기 때문에 컴파일 언어에 비하여 보안이 취약하다. BASIC이나 Javascript가 대표적인 이 방식의 언어이다.
바이트 코드 언어	컴파일 언어와 인터프리터 언어의 중간 성격을 갖는 언어이다. 원시 소스 코드를 가상 기계어 코드(바이트 코드)로 바꾸어 실행하는 형태로, 바이트 코드는 실행 시 인터프리터에 의하여 실시간으로 기계어로 번역된다. 따라서 컴파일 언어에 비해 개발 속도가 빠르고 인터프리터 언어에 비해 실행 속도가 빠르다. Java와 C#이 이 방식의 언어이다.

＊ 컴파일러(Compiler) : 편집자, 편찬자라는 사전적 의미가 있으며, 인간이 이해할 수 있는 언어로 작성된 프로그램 소
　스 코드를 컴퓨터와 같은 기계가 이해할 수 있는 2진법 언어 체계로 번역해주는 프로그램이다.

　본 책에서 우리가 사용할 언어는 C/C++언어이며 오래전에 개발된 프로그래밍 언어인 만큼
널리 알려져 있다. C/C++언어는 컴파일 언어에 속하며 대중적으로 가장 많이 알려진 프로그래
밍 언어이다. C/C++언어는 기계어에 가까운 고급 프로그래밍 언어로, JAVA와 같은 언어에 비
해 실행 속도가 빠르고 직접 하드웨어를 제어할 수 있는 장점이 있다. 특히 임베디드 시스템은
중앙연산장치(CPU, AP, MCU 등)가 일반적인 데스크톱이나 랩톱(노트북)에 비해 느리기 때
문에 프로그램의 실행 속도가 대단히 중요하고 시스템의 주기억장치(RAM 등)의 저장 용량이
크게 제한되기 때문에 실행 속도가 빠르고 프로그램의 크기가 작은 C/C++언어를 이용하여 임
베디드 시스템용 프로그램이 개발된다. C언어와 C++언어는 서로 호환이 가능하지만 C언어만
지원하는 컴파일러(Compiler)를 사용할 경우 C++언어는 사용이 불가능하다. 또한, C언어는

절차적 언어로서 프로그램의 구조가 순차적인 데 반해 C++언어는 C언어를 기반으로 하여 개발된 객체 지향 언어라는 점이 다소 다르다.

임베디드 시스템에서의 프로그래밍은 보통 시작 함수와 반복 함수로 나뉜다. 시작 함수는 임베디드 시스템에 전원이 인가되거나 다른 절차에 의하여 프로그램이 실행될 때 최초 1회만 수행되는 함수이다. 반면에 반복 함수는 임베디드 시스템이 무한히 반복하여 수행할 작업의 내용을 담고 있다. 예를 들면 아두이노(Arduino)의 기본 프로그램 구조는 다음과 같다.

```
void setup(){
최초 1회 수행할 프로그램의 내용
}

void loop(){
반복하여 수행할 프로그램의 내용
}
```

이때, void setup() 함수는 시작 함수로서 작동하며 프로그램 시작 시 최초 1회만 실행되는 특성을 가지고 있으며, 이를 활용하여 보통 시스템을 초기화하는 코드를 삽입한다. 또한 void loop() 함수는 임베디드 시스템이 실질적으로 수행할 작업의 내용이 이곳에 들어가게 되며, 전원이 차단되거나 오류가 발생하여 리셋(재시작)이 되기 전까지 무한정 반복하는 함수이며 경우에 따라서는 강제로 전원을 종료하거나 재시작하여 작업을 처음부터 수행할 수 있다. 하지만 가끔 반복 함수에서 메모리를 초과하여 사용하거나 잘못된 전기 신호의 인가 등의 버그나 오류로 인해 프로그램이 정상적으로 수행되지 못할 때가 있는데, 이 경우 전자회로와 부품 등이 물리적으로 파괴되지 않도록 CPU(혹은 MCU) 내부에 위치한 워치독(Watch Dog)이라고 불리는 타이머 시스템에 의해 강제적으로 전체 시스템이 리셋된다. 이와 같은 특징을 가진 C/C++언어는 호환성이 좋고 실행 속도가 빠르며 직접 메모리를 제어할 수 있어서 대부분의 임베디드 시스템에 사용되고 있다. 컴파일 언어의 특성상 CPU나 MCU와 같은 중앙처리장치가 변경되더라도 적절한 컴파일러와 이식성을 고려하여 작성된 프로그램 코드만 있으면 프로그램 코드 수정 없이 다양한 플랫폼에 적용할 수 있다. 따라서 C/C++언어는 모든 프로그래밍 언어 중에서도 기초가 되는 언어이며 이러한 이유로 다양한 교육 기관에서 C/C++언어를 가르치고 있다.

Chapter

02

개발 환경 구축하기

C/C++언어는 역사가 오래된 만큼 다양한 플랫폼에서 개발 환경을 지원하고 있다. 가장 대표적으로는 Microsoft Visual Studio가 있으며 임베디드 시스템을 위한 IAR Workbench나 AVR Studio 등과 같은 통합 개발 환경(Integrated Development Environmnet, IDE)이 있다. 개발 환경 구축은 드론, 자율주행차 등과 같은 임베디드 시스템용 프로그램을 제작할 때에 굉장히 중요한 요소이며, 개발 작업을 수행하는 도중에 개발 환경을 변경하는 것은 프로젝트를 처음부터 다시 수행하는 것과 다름없을 정도로 어렵기 때문에 개발 목표에 맞는 적절한 개발 환경을 구축해야 한다.

보통 개발 환경은 사용하는 임베디드 시스템에 따라 달라지며 특히 사용하는 메인 프로세서의 종류가 크게 영향을 미친다. 예를 들어 오픈소스 플랫폼인 아두이노를 이용하여 개발을 한다면 아두이노의 사용에 최적화된 개발 환경을 구축하여야 하며, 간단한 임베디드 시스템에 주로 사용되는 ATmel 사의 칩셋을 이용하여 개발을 하고자 한다면 해당 칩셋의 제조사가 직접 개발하여 제공하는 ATMel Studio를 사용하거나 다양한 개발 환경을 쉽게 구축할 수 있도록 도와주는 상용프로그램인 IAR Embedded Workbench 등과 같은 툴을 이용해야 한다.

본 책에서는 임베디드 시스템과 마이크로프로세서를 다루는 데 익숙하지 않은 초보자도 쉽게 다룰 수 있는 아두이노(Arduino)를 사용하여 임베디드 소프트웨어와 드론을 제어하는 기법 및 프로그램에 대하여 서술한다. 특히 아두이노는 복잡한 임베디드 시스템을 간소하게 구현할 수 있는 개발 툴로서 C/C++언어를 알고 있다면 쉽게 기능을 구현할 수 있도록 시스템 제어를 위한 대부분의 기능이 *라이브러리(Library)로 구현되어 있다.

> * 라이브러리(Library) : 사전적 의미로는 도서관을 뜻하며, 프로그래밍에 있어서 특정 기능을 수행하기 위한 함수 형태나 데이터, 변수 등으로 미리 구현하여 모아 둔 정보의 집합을 의미한다.

아두이노 개발 환경과 같이 다양한 라이브러리를 제공한다면 많은 기능을 매우 쉽게 사용할 수 있다. 예를 들면 주위 공기나 체온을 재기 위해서는 온도 센서를 사용해야 하는데, 온도 센서는 대표적인 아날로그 센서 중 하나이다. 온도 센서를 사용하기 위해서는 온도의 변화에 따른 전압의 변화(저항의 변화)를 읽어 들인 후 일정 공식에 의하여 우리가 온도의 단위로 주로 사용하는 섭씨나 화씨의 단위로 변환해야 한다. 이때, 센서로부터 정보를 읽기 위해서는 아날로그-디지털 변환기(ADC)로부터 전압값을 획득한 후 변환기의 해상도(Resolution)에 따라 디지털 값으로 변환하여 사용하여야 하는데 일반적인 마이크로프로세서는 전압값을 직접 획득하기 위하여 온도 센서와 연결된 핀을 다루는 여러 가지 프로그램을 작성해야만 한다. 하지만 아두이노는 이를 간단하게 해결할 수 있는 라이브러리를 제공하며 analogRead(A0) 등과 같은 한 줄의 명령어를 이용하여 값을 쉽게 받아올 수 있다. 또한 analogWrite(9) 등과 같이 간단한 한 줄의 명령어로 타이머와 인터럽트(Interrupt)를 알아야 다룰 수 있는 PWM 신호와 같은 복잡한 기능도 구현할 수 있다. 아두이노는 많이 쓰이는 기능을 미리 구현하여 함수 형태로 제공하고 있을 뿐만 아니라 사용자가 원하는 기능을 추가하여 라이브러리 형태로 저장할 수 있다.

아두이노는 이렇게 쉬운 사용성을 제공할 뿐만 아니라 또 다른 강력한 특징을 지니고 있는데, 하드웨어를 제작하는 설계도와 관련된 소프트웨어의 소스코드를 공개하는 오픈소스 정책을 채택하고 있는 것이 바로 그것이다. 따라서 사용자는 자유로이 소스 코드를 다운로드하여 임의로 수정 및 배포할 수 있으며 이를 위한 통합 개발 환경(IDE) 또한 무료로 제공되고 있다.

이러한 장점을 가진 아두이노는 설치 또한 간단하여 누구나 쉽고 간편하게 다운로드하여 설치할 수 있다. 아두이노의 통합 개발 환경을 구축하는 방법은 다음과 같다.

아두이노 통합 개발 환경 설치하기

① 아두이노 홈페이지(http://www.arduino.cc/)에 접속하여 IDE를 다운로드한다.

❷ 설치 프로그램이 실행되면 [I Agree] 버튼을 눌러 다음 과정으로 넘어간다.

❸ [Next] 버튼을 눌러 다음으로 넘어간다.

4 [Install] 버튼을 눌러 설치를 시작한다.

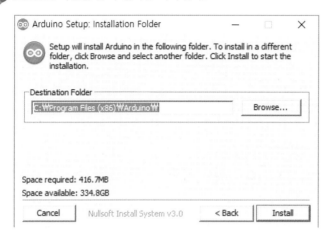

5 설치 완료 후 [Close] 버튼을 눌러 설치를 마무리한다.

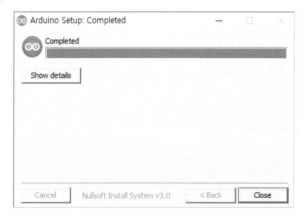

위의 절차에 따라 아두이노의 설치가 끝났다면 아두이노 보드와 컴퓨터를 USB 케이블 혹은 기타 장치를 이용하여 연결한 후 컴퓨터와 연결하기 위한 환경설정을 진행한다. 이때 USB 케이블을 이용하여 컴퓨터와 연결을 할 때에는 COM포트라고 불리는 가상의 연결선이 생성되는데 COM 포트는 보통 COM××(×× : 숫자) 형태로 이루어져 있다. 아두이노 보드를 컴퓨터와 연결하여 프로그램을 업로드하거나 데이터를 주고받기 위해서는 이 COM포트 번호를 반드

시 알아야 한다. 윈도우 개발 환경을 기준으로 하였을 때 아두이노와 연결된 COM포트의 번호
를 알기 위해서는 컴퓨터의 장치관리자를 불러와 확인하는 방법이 제일 간편하고 빠르다.

다음은 COM 포트를 확인하여 컴퓨터와 아두이노의 보드를 연결하는 절차이다.

》 아두이노 보드와 컴퓨터의 연결 설정하기

1 아두이노 보드(예를 들면 에듀콥터 보드)와 컴퓨터를 USB 혹은 기타 방법으로 연결한다.

2 연결 후 [Windows] 키 + [R] 키를 누르거나 [시작] – [실행]을 눌러 실행 프로그램을 불러
온다.

3 실행할 프로그램을 작성하는 난에 [devmgmt.msc]를 입력한 후 엔터 키를 누른다.

4 장치 관리자가 실행되면 펼침 메뉴 중 [포트(COM & LPT)] 항목을 더블 클릭하여 펼쳐 준다.

5 항목 중 "Silicon Labs CP210x USB to UART Bridge"라고 적힌 항목을 찾은 후 이름 뒤쪽에 있는 항목 중 (COM숫자)를 확인한다. 예를 들면 "Silicon Labs CP210x USB to UART Bridge(COM16)"일 때, COM16이 연결된 포트 번호이다.

※ 주의 사항 : 본 책에서 다루는 아두이노 보드는 컴퓨터와 연결하기 위하여 Silicon Labs 에서 만든 CP2104라는 칩셋을 이용하기 때문에 위의 이름을 찾는 것이다. 만약 다른 칩

셋을 이용한 아두이노 보드의 경우 FT232, CH340과 같은 다른 칩셋명을 확인하여야
한다.

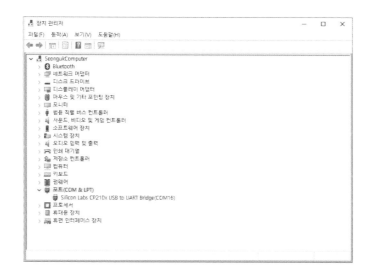

6 아두이노 프로그램을 실행시킨 후 상단 메뉴 중 [툴] - [보드] - [Arduino Nano]를 선택한다.

7 다시 상단 메뉴의 [툴] – [포트] 항목에 들어간 후 5번에서 확인한 COM포트번호를 선택한다.
 ※ 주의 사항 : 컴퓨터마다 COM포트번호가 모두 다르다. 위의 예제에서는 COM포트가 5
   번으로 잡혀 있으며, 반드시 5번 항목에서 확인한 COM포트번호를 선택하여야 한다.

8 상단 메뉴의 [툴] – [프로세서] 항목이 [ATmega328]로 되어 있는지 확인한다.

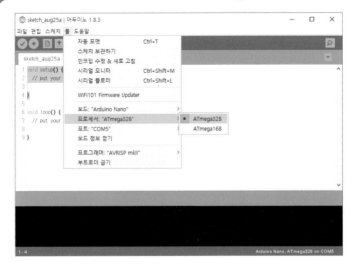

아두이노는 회로도와 부트로더가 공개된 오픈소스 프로젝트이므로 세부 연결 방법은 보드에 따라서 조금씩 다를 수 있다. 최근 저렴한 중국산 아두이노 보드가 공급되면서 다양한 USB to UART 브릿지 칩셋이 탑재되고 있으며, 대표적으로 많이 쓰이는 칩셋은 가격이 저렴한 CH340 칩셋이나 FT232 칩셋이다. 정품 아두이노 보드의 경우 ATmega16u2 칩을 주로 이용하여 USB 통신을 수행한다. 이럴 경우 CH340과 FT232 칩셋을 위한 전용 드라이버가 설치되어야 하며, 각각의 드라이버는 인터넷 검색이나 칩셋 제조사 혹은 아두이노를 구매처의 홈페이지에서 다운로드할 수 있다.

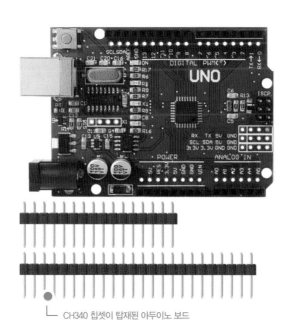

└ CH340 칩셋이 탑재된 아두이노 보드

└ FT232 칩셋이 탑재된 아두이노 보드

아두이노IDE의 설치 과정과 컴퓨터와의 연결 설정 과정을 끝내면 아두이노IDE를 사용하여 프로그램을 작성한 후 아두이노로 전송할 수 있는 모든 준비가 된 상태이다. 이때 아두이노 프로그램을 실행하면 다양한 메뉴와 아이콘을 확인할 수 있는데, 프로그램을 작성 · 검증하고 실행하기 위한 아이콘은 단 몇 가지로 구성되어 있으며 상단 메뉴 또한 저장, 불러오기 및 예제파일, 프로그램 컴파일 및 업로드를 몇 가지 버튼으로 쉽게 할 수 있도록 구성되어 있다.

└ 아두이노를 실행시키면 위와 같은 화면을 확인할 수 있다.

아두이노의 레이아웃은 총 네 가지 영역으로 구성되어 있으며 각 영역은 ① 상단 메뉴, ② 프로그래밍 메뉴, ③ 프로그램 에디터, ④ 컴파일 및 디버깅 안내창으로 구성되어 있다. 이 네 가지 영역 중에서 컴파일 및 디버깅 안내창은 작성된 프로그램의 오류의 유무나 업로드 상태 등을 표시하는 표시창이므로 사용자가 별도로 조작할 수 없다. 구성 영역 중 상단 메뉴는 아두이노 IDE에 관한 전반적인 환경설정, 프로그램 디버깅 및 업로드, 도움말 등 프로그램 자체에 관한 설정을 할 수 있으며, 그 아래에 위치한 프로그래밍 메뉴는 작성한 프로그램을 디버깅하거나 업로드, 저장, 불러오기를 할 수 있다. 마지막으로 프로그램 에디터는 말 그대로 프로그램을 작성할 수 있는 창으로서 실질적으로 프로그램을 작성하는 공간이다.

아두이노 스케치 프로그램을 이용하여 업로드하기 위해서는 기본적인 환경설정을 먼저 진행하여야 한다. 우선 개발의 편의성을 증대시키고 생산성을 향상시키기 위해서는 프로그램의 가독성을 높여줄 필요가 있으며 이를 위해 프로그래밍 창의 글자 크기를 키우고 줄번호를 표시하도록 설정할 것이다.

글자의 크기와 줄 번호를 표시하기 위해서는 아래의 절차를 거친다.

》》 에디터의 글자 크기 및 줄번호 표시하기

① 상단 메뉴 중 [파일] – [환경설정]을 클릭하여 환경설정 창을 열어준다.

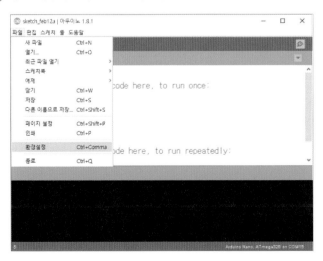

② 환경설정 창에서 '에디터 글꼴 크기' 항목을 15~20 정도로 맞춘다.

③ '줄 번호 표시'의 체크박스를 클릭하여 활성화한다.

④ 오른쪽 아래의 [확인] 버튼을 눌러 설정을 저장한다.

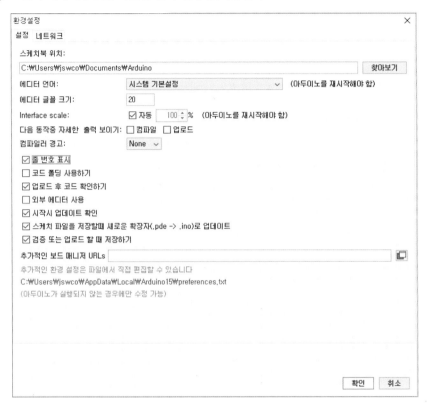

위의 절차에 따라 프로그램 에디터의 설정이 완료되었으면 이제 본격적으로 프로그램을 작성하여 아두이노에 업로드할 모든 준비가 완료된 상태이다. 다음 장에서는 C/C++언어와 프로그램에 대한 내용을 공부할 것이다.

프로그래밍 언어와 C/C++

원숭이, 침팬지 등의 영장류와 같은 부류에 속하는 인간은 지구상 어떤 동물보다 지능이 높다고 알려져 있다. 인류가 지능을 가지게 된 계기는 바로 "언어"라는 체계적인 의사소통 도구가 큰 역할을 한 것이다. 언어를 이용하여 지식을 기록한 책을 만들어낼 수 있었으며 책으로 인해 다양한 지식이 쌓이게 되어 거칠고 혹독한 대자연을 이겨낼 수 있는 높은 지능을 얻게 되었다. 이와 같이 언어란 원활한 의사소통과 지식이나 정보의 전달을 위해서 반드시 필요한 도구이다. 이와 마찬가지로 프로그래밍 언어(Programming Language) 또한 사람이 컴퓨터와 소통하고 또 정보를 전달하기 위한 도구라고 할 수 있다.

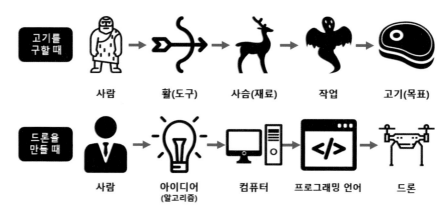

프로그래밍 언어를 한 단어로 표현하면 "도구"이다. 실제로 프로그래밍 언어는 컴퓨터를 다루는 강력한 도구라고 할 수 있으며 사람이 할 수 없는 막대한 계산을 시키거나 컴퓨터를 이용하여 무언가를 자동으로 조종할 때에도 프로그래밍 언어 없이는 아무것도 할 수 없다. 프로그래밍 언어는 실체가 없는 도구라고 할 수 있는데 이에 대한 예를 들자면 고기를 구하고자 하는 사람과 비교할 수 있다. 만약 어떤 사람이 고기를 구하고자 한다면 사냥을 해야 할 것이다. 이때 사냥을 하기 위해서는 동물을 잡을 수 있는 활, 칼과 같은 도구를 필요로 한다. 이와 마찬가지로 프로그래밍 언어는 사냥할 때의 활, 칼과 같은 개념으로 컴퓨터를 이용하여 어떤 작업을 수행할 때 컴퓨터를 자유자재로 다룰 수 있는 중요한 도구라고 할 수 있다.

프로그래밍 언어는 인간이 실제로 사용하는 다른 언어와 마찬가지로 "언어"라는 특징을 가지고 있다. 언어는 의사소통을 원활히 하기 위한 사전 약속으로 전 세계적으로 사용하는 언어의 종류만 해도 전 세계적으로 수십 가지가 넘는다. 영어, 중국어, 일본어 및 한국어 등과 같이 각각의 국가에 따라 사용하는 언어가 다르며, 언어별로 특징이 존재한다. 하지만 인간이 사용하는 언어는 공통적인 특징을 가지고 있는데 어떤 언어라도 문법과 단어라는 개념을 가지고 있다. 컴퓨터가 사용하는 프로그래밍 언어도 마찬가지로 문법이 존재하며, 이는 프로그래밍 언어별로 차이점이 있다.

대표적인 프로그래밍 언어이자 우리가 다루게 될 C/C++언어는 몇 가지 특징을 가지고 있으며, 이는 C/C++언어가 추구하는 정신과 일맥상통한다. C/C++언어는 다음과 같은 사상을 기반으로 한다.

1. Trust the programmer.
   프로그래머를 믿어라.
2. Don't prevent the programmer from doing what needs to be done.
   프로그래머가 해야 할 일을 막지 말아야 한다.
3. Keep the language small and simple.
   프로그래밍 언어는 가능한 한 단순하고 작게 유지해야 한다.
4. Provide only one way to do an operation.
   오직 한 방향으로 작동되어야 한다.
5. Make it fast, even if it is not guaranteed to be portable.
   이식성을 보장할 수 없더라도 가능한 한 빠르게 실행되어야 한다.

위의 설계 사상은 C/C++언어의 특징을 잘 나타내고 있다. C/C++언어는 변수 선언에서부터 메모리 관리까지 프로그래머가 자유자재로 다룰 수 있으며 실행 속도가 매우 빠르다는 장점을 가지고 있다. 따라서 복잡하고 반복적인 계산을 수행하거나 한정된 작업을 수행하는 경우, 빠른 속도로 계산을 해야 할 경우에는 C/C++언어를 사용하여 프로그램을 제작한다. 하지만 높은 자유도를 가지고 있는 만큼 에러(Error)나 버그(Bug)가 생기기 쉬우며 이는 기기의 오작동을 일으키거나 최악의 경우 기기가 파괴될 수 있는 위험성을 가지고 있다. 따라서 어떤 일을 수행하는 절차와 방법, 즉 알고리즘(Algorithm)을 적절하게 설계하는 것이 중요하며, 알고리즘 이외에도 다양한 오작동 요소와 불확실성을 가능한 한 모두 파악해야 한다.

이러한 주의점에도 불구하고 C/C++언어는 단순한 문법과 빠른 실행 속도로 인해 널리 사용되고 있다. 특히 C/C++언어의 문법은 기존의 영어 문법과 비슷하게 사용할 수 있으며 직관적으로 구성되어 있어 쉽게 사용할 수 있다.

임베디드 시스템에서는 빠른 실행 속도를 강점으로 하는 C/C++언어가 널리 쓰이고 있다. 임베디드를 위한 C/C++언어는 컴퓨터에서 쓰이는 C/C++언어와 본질적으로 같으며, 실행 순서에 그 차이가 있다. 강력한 중앙처리장치를 바탕으로 다양한 작업을 동시에 수행할 수 있는 컴퓨터와는 달리 임베디드 시스템은 특정 목적을 위해 제작되는 만큼 프로세서의 성능이 일반적인 컴퓨터보다 떨어지며, 목적을 달성하기 위하여 어떠한 일을 무한히 반복적으로 수행하게 된다. 따라서 임베디드 시스템은 무언가를 반복적으로 실행시키는 구문을 반드시 작성하여야 한다.

>> C/C++언어의 역사

C/C++언어의 창시자 중 한 명인 데니스 매킬리스테어 리치(Dennis MacAlistair Ritchie)

C언어 창시자 중 한 명인 케니스 레인 톰슨(Kenneth Lane Thompson)

C/C++언어는 1972년 미국의 AT&T 벨 연구소(AT&T Bell Labs)의 연구원 케니스 레인 톰슨(Kenneth Lane Thompson)과 데니스 매킬리스테어 리치(Dennis MacAlistair Ritchie)가 개발한 범용 프로그래밍 언어가 그 시초이다. C/C++언어의 기원은 케임브리지 대학교(Cambridge University)에서 시작된 CPL(Combined Programming Language)이라는 언어이다. CPL 언어는 Basic CPL 언어로 발전하였으며, 켄 톰슨은 BCPL 언어를 수정하여 벨 연구소의 앞머리 글자인 B를 딴 B언어를 만들어냈다. 당시의 프로그래밍 언어는 시스템(=컴퓨터)의 종류가 달라질 때마다 메인 프로세서가 달라져 이를 지원하는 프로그래밍 언어를 새로 개발해야 했으므로 새로운 컴퓨터를 만든다는 것은 새로운 프로그래밍 언어를 만들어 낸다는 것과 같았다. 따라서 컴퓨터를 제작하기 위해서 막대한 시간과 자금을 투자해야 했으며, 이는 컴퓨터의 가격을 비싸게 하고 쉽게 다룰 수 없게 되어 컴퓨터의 대중화를 막는 큰 걸림돌로 작용하였다. 이러한 문제점을 개선하기 위하여 켄 톰슨의 동료 연구원인 데니스 리치는 B언어를 기반으로 하는 범용 프로그래밍 언어를 만들고자 하였으며, 1978년에는 C언어를 규격화하여 K&R이라는 규격이 정의되었다. K&R은 브라이언 윌슨 커니핸(Brian Wilson Kernighan)과 데니스

리치의 앞 머리글자를 따서 명명되었으며 이후 ANSI C라는 표준이 등장하게 된다.

　이후 컴퓨터의 성능이 급격하게 발전하게 되면서 프로그래밍 언어 또한 눈부시게 발전하였으며 이러한 발전 추세에 맞추어 C언어 또한 C++언어, C99, C11 등과 같이 발전된 형태의 계열 언어가 등장하였다. 최근에는 배우기가 쉽고 사용하기가 편리하여 널리 쓰이는 JAVA와 같은 프로그래밍 언어의 등장으로 인해 과거에 비해서는 상대적으로 덜 쓰이고 있으나 여전히 많은 분야에서 사용되고 있다.

C/C++언어와 드론

　앞서 언급하였던 바와 같이 C/C++언어는 다른 프로그래밍 언어에 비해 실행 속도가 빠르다는 강점을 가지고 있다. 뿐만 아니라 프로그래머가 직접 메모리를 제어할 수 있으며, 프로세서의 기능 하나하나를 세세히 제어할 수 있다. 뿐만 아니라 JAVA와 같은 현대적인 프로그래밍 언어에 비해 프로그램 코드의 용량이 비교적 작고 다양한 컴파일러를 지원하여 비교적 프로그래밍 환경을 구축하기가 쉽다. 이러한 장점은 드론을 비롯한 로봇 공학에 있어서 C/C++언어가 널리 쓰이는 이유가 된다. 실제로 드론의 자세를 측정하고 각 모터에 제어 신호를 보내 비행을 하기 위한 자세를 유지하기 위해서는 초당 250번(250Hz) 이상의 자세 계산 및 모터 제어를 수행해야 하며 따라서 프로그램의 실행 속도가 느릴 경우 충분한 제어 주기를 확보하지 못하여 비행이 불가능하거나 올바르게 제어되지 않는 현상을 관찰할 수 있다.

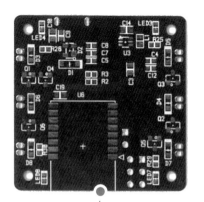 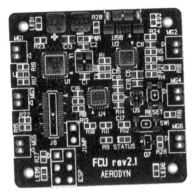

└ 드론을 제어하는 것은 속도와의 싸움이라고 할 수 있다.

드론을 비롯한 로봇을 제어하는 프로그램을 만드는 데 C/C++언어를 이용하는 또 다른 이유는 이식성(Portability)에 있다. 드론과 로봇을 제어하기 위해서는 자그마한 컴퓨터를 이용하는데 이러한 컴퓨터는 하나의 칩에 컴퓨터 부품이 대부분 통합되어 있다. 보통 시스템 온 칩(System on Chip, SoC)이라고 불리는 이러한 칩은 그 기능과 성능에 따라서 마이크로 제어 유닛(Micro Control Unit, MCU), 마이크로 프로세싱 유닛(Micro Processing Unit, MPU), 애플리케이션 프로세서(Application Processor, AP), 디지털 시그널 프로세서(Digital Signal Processor, DSP) 등으로 나뉜다. 드론의 자세를 측정하고 제어하기 위해서는 가장 기본적인 SoC인 마이크로 제어 유닛을 주로 사용하지만, 동영상을 촬영하고 무선 통신을 통하여 사용자에게 실시간으로 전송하기 위해서는 보다 강력한 성능을 가진 메인 프로세서를 필요로 한다. 따라서 산업 현장이나 상업용으로 쓰이는 드론은 비행 제어용 프로세서와 임무 수행용 프로세서 등과 같이 용도와 목적에 맞는 프로세서를 각각 탑재하여 사용하는 경우도 있다. 하지만 어떤 프로세서를 쓴다 하더라도 실행 속도와 처리 속도가 빨라야 하므로 C/C++언어를 주로 쓴다.

드론 이외에도 C/C++언어를 쓰는 분야는 무궁무진하다. 항공우주 분야는 기존 산업과 달리 대량생산을 하지 않으며 기종 또한 다양하지 않으므로 기체를 제어하는 소프트웨어를 최적화하기 쉬우므로 저수준 프로그래밍(Low Level Programming)이 가능한 C/C++언어나 어셈블리어(Assembly Language)를 많이 사용한다.

└ 항공전자(AVIONICS) 시스템의 최적화를 위해서는 C/C++언어나 어셈블리어가 주로 사용된다.

항공우주분야 이외에도 임베디드 프로세서를 사용하는 다양한 산업 현장에서 C/C++언어를 널리 사용하고 있으며 우리가 사용하는 노트북이나 데스크탑 컴퓨터에서 널리 사용되는 Microsoft 사의 운영체제인 Windows의 뼈대가 되는 커널(Kernel)도 C언어로 작성되어 있다.

Chapter

04

C/C++언어의 기초

　인간이 사용하는 다른 언어와 마찬가지로 C/C++언어도 언어라는 특징을 가지고 있으며 따라서 고유의 문법 체계를 가지고 있다. C/C++언어의 문법 체계는 영어의 문법 체계와 단어를 이용하여 구성되어 있는데 가능한 한 직관적으로 이해할 수 있도록 되어 있다. C/C++언어는 보통 우리가 쉽게 알 수 있는 단어를 이용하여 프로그램을 작성할 수 있도록 되어 있지만, 보다 정확히 C/C++의 구성과 사용법을 알기 위해서는 먼저 컴퓨터와 컴퓨터 시스템, 그리고 숫자와 데이터에 대한 몇 가지 지식을 필요로 한다.

　C/C++언어를 알기 위해서는 우선 아날로그(Analog)와 디지털(Digital)의 정의와 차이점을 알아야 한다. 아날로그와 디지털의 사전적 정의는 다음과 같다.

아날로그(Analog)	어떤 데이터를 연속적인 수치로 나타내는 것이다. 온도의 변화를 나타낸 그래프를 예로 들 수 있다.
디지털(Digital)	아날로그와 반대되는 개념으로, 어떠한 데이터를 연속적인 수치가 아닌 0 또는 1과 같은 이산적인 수치를 이용하여 나타내는 것이다.

　우리가 자연에서 얻을 수 있는 대부분의 자료는 연속적인 수치로 나타낸 아날로그 신호이다. 예를 들면 오후 1시의 바깥 공기의 온도가 23도일 때, 우리는 오후 1시, T = 23℃로 나타낼 수 있다. 만약 우리가 월별로 평균 기온을 측정한다면 다음 그림과 같은 그래프를 얻을 수 있을 것이다.

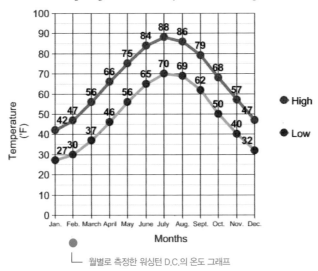

└ 월별로 측정한 워싱턴 D.C.의 온도 그래프

　위의 자료와 같이 어떤 자료가 시간에 따른 연속적인 신호로 들어온다면 우리는 이를 아날로
그 신호라고 부른다. 이와 달리 디지털 신호는 어떤 정보를 0 또는 1로 나타낸 것을 의미한다.
이와 같이 어떠한 신호, 즉 수치를 0과 1의 두 가지 숫자로 표현하는 것을 이진법(Binary)이라
고 한다. 반면에 우리가 일상생활에서 주로 사용하는 수 체계는 0부터 9까지의 10개의 숫자를
활용한 10진법(Decimal System)이다. 디지털 신호에서 0은 LOW 혹은 거짓, 1은 HIGH 혹은
참으로 불리며 컴퓨터는 2진법 수 체계를 이용하여 계산을 수행하거나 정보(데이터)를 저장한
다. 하지만 우리가 보통 사용하는 컴퓨터는 0 혹은 1을 표현하지 않고 다양한 색상, 다양한 숫자
를 표시할 수 있는 것을 알고 있다. 이는 컴퓨터가 10진법으로 표현된 다양한 정보를 컴퓨터가
이해할 수 있는 2진법으로 바꾼 후 다양한 작업을 수행하기 때문이다.

　이와 같이 컴퓨터는 디지털 신호를 사용하며 컴퓨터가 다루는 디지털 신호와 사람이 느낄 수
있는 아날로그 신호를 그래프로 나타내면 그 특징을 명확히 알 수 있다. 아래 그림은 아날로그
신호와 디지털 신호를 그래프로 표현한 것이다.

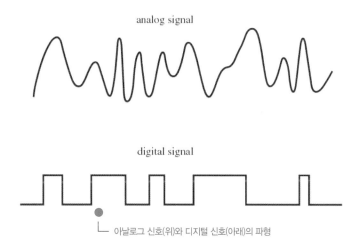

아날로그 신호(위)와 디지털 신호(아래)의 파형

위의 그림에서 아날로그 신호는 연속적인 값을 표현하고 있으며 디지털 신호는 최댓값 혹은 최솟값만 표현하는 것을 알 수 있다.

아날로그 신호와 디지털 신호는 일정 규칙에 따라 서로 변환할 수 있다. 예를 들면 10진법으로 나타내는 17을 2진법으로 바꾸기 위해서는 해당 값을 0 혹은 1이 남을 때까지 끊임없이 몫과 나머지를 계산하는 과정을 통하여 손쉽게 디지털 신호인 2진법으로 변환할 수 있다.

$$17 = 10001_{(2)}$$

2진법으로 구성된 디지털 신호는 컴퓨터가 이해하고 다루는 신호이기 때문에 프로그래밍에 있어서 대단히 중요한 개념이며 프로그램을 작성할 때 디지털 신호를 직접 다루는 경우가 많다. 이렇게 다루는 2진법 신호는 처리한 데이터를 저장할 때에도 사용되며 0 혹은 1이라는 두 가지의 정보를 저장할 수 있다. 모든 컴퓨터는 이 두 가지 정보를 저장할 수 있는 공간을 최소한의 저장 공간으로 간주하며 이를 "비트"라고 한다.

비트와 바이트의 개념은 다음과 같다.

비트(Bit)는 컴퓨터가 다루는 가장 최소한의 저장 단위이다. 1개의 비트는 0 혹은 1을 저장할 수 있으며, 각각 LOW, HIGH로 불린다. 따라서 비트가 표현할 수 있는 상태는 로우(LOW)와 하이(HIGH)로 총 두 가지이다. 만약 2개의 비트가 있다면 표현할 수 있는 상태는 총 네 가지가 된다. 1개의 비트는 2개의 표현을 할 수 있고 총 2개의 비트가 있으므로 다음과 같이 네 가지의 상태를 가질 수 있다.

구분	0번 비트	1번 비트
상태 1	0 (LOW)	0 (LOW)
상태 2	0 (LOW)	1 (HIGH)
상태 3	1 (HIGH)	0 (LOW)
상태 4	1 (HIGH)	1 (HIGH)

만약 8개의 비트가 모인다면 1바이트가 된다. 1바이트는 총 $2^8 = 256$개의 상태를 가질 수 있으며 이는 1바이트는 255까지의 숫자를 저장할 수 있음을 의미한다. 256개의 상태를 가지고 있는데 1개가 부족한 255까지의 숫자를 저장할 수 있는 이유는 0 또한 숫자로 간주되기 때문이다. 하지만 우리가 다루는 숫자는 양수와 음수가 존재한다. 만일 우리가 음수를 표현하고자 한다면 음수임을 알리는 정보가 있어야 할 것이다. 따라서 1바이트로 음수를 표현하고자 한다면 해당 바이트에 속해 있는 8개의 비트 중 하나를 활용하여 음수 혹은 양수임을 알리는 정보를 저장하여야 한다. 따라서 부호가 있는 1바이트 데이터는 부호를 결정하는 1개 바이트를 제외하고 나머지를 숫자로 저장할 수 있다. 이때 1개의 바이트는 2^7개의 데이터를 저장할 수 있는데 이때 10진법으로 나타낼 경우 −127에서 128까지의 데이터를 저장할 수 있다. 이때 바이트의 단위는 대문자 B로 표현한다.

좀 더 직관적으로 이해하기 위해 예를 하나 들어서 계산을 수행해보자. 우리는 10진수 숫자 110을 2진법으로 변환할 수 있으며 그 결괏값을 표로 나타내면 다음과 같다.

【110이라는 숫자를 2진수로 표현한 경우 비트별 저장 데이터】

10진수	Bit 0	Bit 1	Bit 2	Bit 3	Bit 4	Bit 5	Bit 6	Bit 7
110 =	0	1	1	0	1	1	1	0

바이트 단위부터는 2^{10} 단위로 구분하는데, 자세한 내용은 다음과 같다.

$$8비트(Bit, b) = 1바이트(Byte, B)$$
$$1,024바이트(B) = 1킬로바이트(Killobytes, KB)$$
$$1,024킬로바이트(KB) = 1메가바이트(Megabytes, MB)$$

일상생활에서 우리는 비트와 바이트를 혼동하는 경우가 매우 많은데, 가장 흔하게 혼동하는 경우는 통신 속도를 표기할 때이다. 우리는 인터넷이나 무선이동통신 광고를 볼 때 100Mbps라는 단어 혹은 1Gbps라는 단어를 쉽게 볼 수 있다. 이때 광고에서 나타내는 속도의 단위는 바이트가 아닌 비트라는 점이 중요하다. 해당 광고에서 표현하는 100Mbps는 1초당 100메가비트의 데이터를 전송한다는 의미이며, 바이트로 환산할 경우 $\frac{100Mbps}{8} = 12.5MB/s$ 로 나타낼 수 있다.

》》 컴파일러(Compiler)

컴파일(Compile)이라는 단어는 '엮다, 편집하다'라는 사전적 의미를 가지고 있다. 프로그래밍에 있어서 컴파일은 사람이 이해할 수 있는 언어(예를 들면 C/C++)로 작성된 프로그램을 컴퓨터가 이해할 수 있는 기계어로 번역하는 소프트웨어를 말한다. 예를 들면 C언어로 작성된 프로그램을 컴파일하면 컴퓨터가 이해할 수 있는 2진수로 이루어진 바이너리 코드(Binary Code)로 변환되어 저장된다. 바이너리 코드는 0 혹은 1로 이루어진 무수한 비트의 집합으로서 바이너리 코드 파일(주로 hex 확장자)을 열어보면 다음 그림과 같은 데이터가 저장되어 있는 것을 확인할 수 있다.

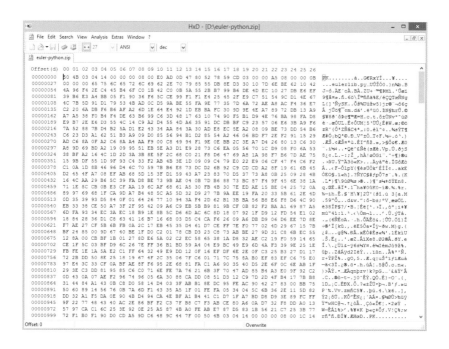

우리가 C/C++언어를 이용하여 작성하는 모든 프로그램은 컴파일러를 거쳐 기계가 이해할 수 있는 바이너리 코드로 번역되며, 컴퓨터(메인 프로세서)는 순차적으로 위의 데이터를 읽어 들여 명령을 해독하여 작성된 프로그램에 맞게 해당 작업을 수행하게 된다.

≫ 헤더 파일과 소스 파일

헤더 파일(Header File)이란 함수의 원형(Prototype)을 선언하는 공간으로, 프로그램에서 사용하는 다양한 함수에 대한 정의를 모아 놓은 파일이다. 여기서 함수의 원형이란 함수의 자료형과 매개변수를 정의해 놓은 형태로 다음과 같은 구조를 가진다.

int compute(int data1, int data2);

여기서 int는 함수의 자료형을 정의하는 단어이며 compute는 함수의 이름이다. 소괄호 내부에 있는 것은 매개변수로서, compute라는 함수로 전달할 데이터이다. 함수 내부로 전달하는 데이터 또한 자료형을 가지고 있는데, 위의 예시에서는 data1, data2로 명명된 정수형(int) 자료를 2개 전달한다. 또한 헤더 파일은 함수 이외에도 매크로를 선언하거나 클래스를 선언하는 등과 같은 다양한 내용을 포함할 수 있다.

이와 같이 함수나 변수의 원형을 선언하는 헤더 파일은 h로 끝나는 확장자를 가지고 있으며 단독으로 사용되는 경우도 있지만 함수의 원형을 포함할 경우 함수의 원형을 작성하는 소스파일과 함께 사용된다. 이때 함수의 원형은 구체적으로 작업할 내용을 포함하며 프로그래머가 불러올 때마다 함수 내부에 작성된 프로그램을 수행하게 된다.

》》 전처리기(Preprocessor)

전처리기는 프로그램을 번역하는 컴파일 작업을 하기 전에 수행하는 작업을 말한다. C/C++ 언어에서 전처리기를 사용하기 위해서는 '#'이라는 지시자를 사용한다. 전처리기를 사용하는 주된 이유는 프로그래머에게 유연성을 제공하기 위함이다. 특히 임베디드 시스템은 종류가 굉장히 많으므로 사용하는 시스템에 따라서 필요한 소스 코드의 내용이 다른데, 전처리기를 사용할 경우 각각의 시스템에 맞추어 프로그램을 제작하지 않고 표준화된 프로그램을 제작한 후 사용하는 임베디드 시스템에 따라서 서로 소스 코드를 참조하게 할 수 있다.

이외에도 다른 소스 코드를 참조하거나 반복적으로 사용되는 데이터를 정의하는 매크로 기능과 조건부 컴파일 등 컴파일러를 사용하는 데 있어서 유연성을 제공한다.

C/C++언어에서 사용하는 전처리기 명령어는 다음 목록과 같다.

명령어	사용처	예시
#include 〈파일명〉	다른 소스 코드 파일을 프로그램에 추가할 때 사용한다. 주로 헤더 파일(*.h)을 추가할 때 사용한다.	#include 〈stdio.h〉 #include "ahrs.h"
#define 〈매크로명〉	자주 쓰이는 변수를 정의하거나 함수를 정의할 수 있다.	#define LED 13 #define F(x) x*x

#if, #elif, #else, #endif	조건에 따라서 컴파일을 할 수 있다. 조건을 만족할 경우 작성된 프로그램을 컴파일한다. 반드시 #endif와 함께 쓰여야 한다.	#if VAR==13 프로그램 #elif 프로그램 #else 프로그램 #endif
#ifdef 매크로명	매크로가 정의되어 있으면 작성된 프로그램을 컴파일한다. 반드시 #endif와 함께 쓰여야 한다.	#ifdef LED 실행할 프로그램 #endif
#ifndef 매크로명	매크로가 정의되어 있지 않으면 작성된 프로그램을 컴파일한다. 반드시 #endif와 함께 쓰여야 한다.	#ifndef LED 실행할 프로그램 #endif

》 C/C++언어의 작성 규칙

C/C++언어는 비교적 단순한 문법을 가지고 있으나, 반드시 지켜야 할 몇 가지 규칙이 있다.

1. 한 문장의 끝에는 반드시 세미콜론(;)을 붙여서 한 줄이 끝났음을 알린다.
2. 대문자와 소문자는 구분된다.
3. 함수의 시작과 끝은 중괄호({})로 묶어야 한다.
4. 반드시 한 개의 메인 함수를 가지고 있어야 한다.
5. 1개의 줄을 사용하는 주석은 맨 앞쪽에 // 기호를 붙여야 한다.
6. 2개 이상의 줄을 사용하는 주석은 시작하는 줄에 /* 기호를 붙이며 끝나는 줄에 */기호를 붙인다.

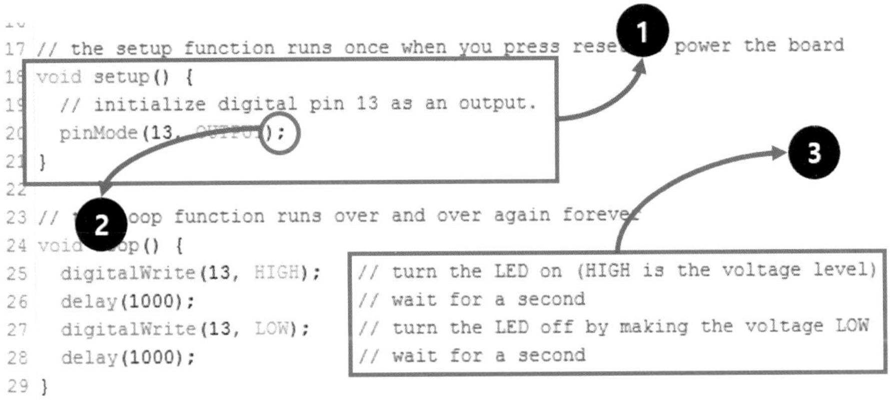

```
17 // the setup function runs once when you press rese     power the board
18 void setup() {
19   // initialize digital pin 13 as an output.
20   pinMode(13,        );
21 }
22
23 //      oop function runs over and over again foreve
24 void    op() {
25   digitalWrite(13, HIGH);    // turn the LED on (HIGH is the voltage level)
26   delay(1000);               // wait for a second
27   digitalWrite(13, LOW);     // turn the LED off by making the voltage LOW
28   delay(1000);               // wait for a second
29 }
```

위의 그림에서 볼 때, ① 함수의 시작과 끝은 중괄호로 묶여 있음을 알 수 있으며, ② 각 실행문의 끝에는 항상 세미콜론(;)이 반드시 붙어 있고, ③ 주석을 작성할 때에는 // 기호를 붙이는 것을 알 수 있다.

Chapter

05

변수와 연산자

변수와 연산자는 C/C++언어에 사용되는 가장 기초적인 문법 체계이다. 변수(Variables)는 말 그대로 변할 수 있는 수를 말하는 것으로 숫자와 문자와 같은 정보(데이터)를 저장할 수 있는 요소이다. 연산자(Operator)는 변수나 데이터를 사용하여 연산(Calculation)을 수행하는 일종의 명령어로서 산술 연산자, 비교 연산자, 논리 연산자, 관계 연산자, 비트 연산자 등이 있다. 변수와 연산자는 원하는 작업을 수행하기 위해서 다양한 방식으로 사용될 수 있으나 이를 사용하기 위해서는 몇 가지의 규칙이 있다. 이 규칙을 지키지 않을 경우에는 컴파일러는 오류를 일으키며 결과적으로는 프로그램이 작성되지 않으며 정상적으로 사용하지 않을 경우 잘못된 결과를 도출하거나 예상치 못한 오작동을 일으킬 수 있으므로 반드시 표준 사용법에 맞게 사용하여야 한다.

≫ 변수 선언하기

변수는 데이터를 저장하는 가장 기본적인 개념으로서 자료형과 변수명, 대입값으로 구성되어 있다. 변수는 크게 일반 변수, 포인터 변수로 구분할 수 있으며 두 변수는 저장하는 데이터의 종류에 따라서 구분된다. 우리가 일반 변수를 선언할 때에는 컴퓨터의 메모리에는 변수를 저장할 수 있는 공간이 할당되며 이 공간은 메모리 내부의 고유한 주소를 가지고 있다. 우리가 만약 일반 변수를 사용한다면 일반 변수는 우리가 대입한 값이 저장된다. 하지만 포인터 변수는 일반 변수와 다르게 우리가 대입한 값을 저장하지 않고, 그 값이 저장되어 있는 메모리 내부의 주소를 저장한다. 따라서 일반 변수와 포인터 변수는 서로 사용하는 방법과 용도가 다르다.

우리가 일반 변수를 선언하기 위해서는 해당 변수에 저장하고자 하는 데이터의 형식에 맞는 자료형을 선언하여야 하며 선언한 자료형에 따라 할당되는 저장 공간의 크기가 달라진다. 따라서 올바른 자료형을 선언하지 않을 경우 할당된 저장 공간보다 크거나 잘못된 값이 저장되어 올바른 값을 저장할 수 없다. 따라서 변수를 선언할 때에는 그 용도와 목적에 맞는 자료형을 선언해야 한다. 따라서 변수를 사용하기 위해서는 반드시 자료형을 알려주어야 하며 아래와 같은 형태로 작성된다.

(자료형) (변수명) = (대입할 값);

ex 1) i라는 변수를 정수형으로 정의하고 0이라는 값을 대입할 때 ▶ int i = 0;

ex 2) dat라는 변수를 실수형으로 정의하고 3.14라는 값을 대입할 때 ▶ float dat = 3.14;

한번 선언된 변수는 대입 연산자를 사용하여 얼마든지 원하는 값으로 바꿀 수 있으나 초기에 선언한 자료형이 허용하는 범위를 넘어갈 경우 올바른 값이 저장되지 않는다. 따라서 적절한 자료형을 사용하는 것이 중요하며 비슷한 변수명을 사용할 경우 착오를 일으킬 수 있으므로 변수명 또한 쉽게 구분할 수 있도록 지정하는 것이 중요하다.

자료형(Data Type)

변수를 사용하기 위해서는 자료형을 알아야 한다. 자료형(Data Type)은 데이터의 종류를 식별하는 분류이며 어떤 데이터가 어떤 특징을 가지고 있는지 정의하는 기준이다. 예를 들면 방 안의 온도를 측정할 때, 측정할 데이터를 정수형(Integer)으로 정의하면 소수점 이하는 측정이 불가능할 것이다. 하지만 측정할 데이터를 실수형(Real)으로 정의하면 소수점 이하도 측정할 수 있다. 하지만 디지털 시스템에서 소수점 이하는 근삿값을 이용하므로 근삿값을 계산하기 위한 자원을 낭비하게 되며 데이터 처리 속도가 정수형에 비해 느려지게 된다. 또한 실수형 변수는 정수형에 비해 비교적 많은 양의 저장 공간을 필요로 하므로 적절한 자료형을 사용하는 것이 좋다.

C/C++언어는 크게 정수형, 문자형, 바이트형, 실수형의 자료형을 지원한다. C/C++언어의 자료형을 선언하기 위한 예약어 목록은 다음과 같다.

자료형	저장 정보	저장 데이터
bool	1비트의 데이터를 저장한다.	0 또는 1
char	문자형 변수를 선언한다.	−127 ~ 128
unsigned char	부호 없는 문자형 변수를 선언한다.	0 ~ 255
short	2바이트 정수형 변수를 선언한다.	−32768 ~ 32767

unsigned short	부호 없는 2바이트 정수형 변수를 선언한다.	0 ~ 65535
int	4바이트 정수형 변수를 선언한다.	−2147483648 ~ 2147483647
unsigned int	부호 없는 4바이트 정수형 변수를 선언한다.	0 – 4294967295
int8_t	1바이트 정수형 변수를 선언한다.	−127 ~ 128
uint8_t	부호 없는 1바이트 정수형 변수를 선언한다.	0 ~ 255
int16_t	2바이트 정수형 변수를 선언한다.	−32768 ~ 32767
uint16_t	부호 없는 2바이트 정수형 변수를 선언한다.	0 ~ 65535
int32_t	4바이트 정수형 변수를 선언한다.	−2147483648 ~ 2147483647
uint32_t	부호 없는 4바이트 정수형 변수를 선언한다.	0 – 4294967295
long	8바이트 정수형 변수를 선언한다.	−9223372036854775808 ~ 9223372036854775807
unsigned long	부호 없는 8바이트 정수형 변수를 선언한다.	0 ~ 18446744073709551615
float	7자리의 소수점 정밀도를 갖는 4바이트 실수형 변수를 선언한다.	3.4E−38 ~ 3.4E+38
double	15자리의 소수점 정밀도를 갖는 8바이트 실수형 변수를 선언한다.	1.7E−107 ~ 1.7E+107

자료형에는 호환성과 이식성을 위한 자료형이 존재한다. 자료형 중 int형의 경우 실행되는 컴퓨터나 시스템에 따라서 저장할 수 있는 공간의 크기가 달라지는데, ATmel 칩과 같은 8비트 CPU에서는 int형이 16비트(=2바이트)로 정의된다. 반면에 ARM Cortex와 같은 32비트 CPU에서는 int형 변수는 32비트(=4바이트)로 정의된다. 따라서 같은 프로그램을 다양한 시스템에서 사용하기 위해서는 int형의 크기를 강제로 정해줄 필요가 있는데, 이를 위해서 사용되는 자료형이 int8_t, uint8_t와 같은 형태의 자료형이다. 예를 들면 int8_t형을 이용하여 변수를 선언하게 되면, 시스템에 상관없이 8비트(=1바이트)의 크기를 갖는 정수형 변수가 선언된다.

자료형을 결정하였다면 변수의 이름을 결정해야 한다.

》 변수명 규칙

일반적으로 변수명은 64자리(C언어) 혹은 1,024자리(C++언어) 이내의 길이를 사용해야 한다. 뿐만 아니라 if, int, long과 같은 예약어(Reserved Word)는 사용할 수 없으며 이외에도 변수명에 대한 규칙이 존재한다.

변수명에 대한 규칙은 다음과 같다.

1. 대문자와 소문자는 구분된다.

2. 예약어는 사용할 수 없다.

3. 변수명은 숫자로 시작할 수 없다.

4. 특수 문자는 언더바('_')와 달러 표시('$')만 허용된다.

5. 한번 사용한 변수의 이름은 다시 선언할 수 없다.

즉, test와 TEST는 서로 다른 변수로 간주되며 if, else, define, include 등과 같은 예약어는 사용할 수 없다. 또한 01231과 같이 숫자로 된 변수명이나 011test와 같은 숫자로 시작하는 변수명은 사용할 수 없으며 사용할 경우 컴파일 에러(Compile Error)가 발생한다. 특수문자는 _와 $ 표기만 허용되며, *, &와 같은 특수문자는 사용할 수 없다.

》 산술 연산자

산술 연산자는 수학적인 계산을 수행하기 위한 연산자로서 우리가 일상생활에서 흔히 사용하는 덧셈, 뺄셈, 곱셈, 나눗셈과 같은 사칙 연산을 하기 위해 사용된다. 일반적인 수학 연산과 같이 프로그램에 적용되는 산술 연산자 또한 연산의 우선순위가 있으며 소괄호 등을 이용하여 별도로 구분하지 않는 이상 곱하기, 나누기, 더하기, 빼기 순으로 연산이 실행된다. 다음 예를 보면 연산 순서에 대해 쉽게 이해할 수 있다.

만약 a = 5, b = 7, c = 3일 경우를 예로 들자면 다음과 같이 연산된다.

a + b * c = 5 + 7 * 3 = 5 + 21 = 26

a + b - c = 5 + 7 - 3 = 12 - 3 = 9

a * (b - c) = 5 * (7 - 3) = 5 * 4 = 20

위의 예제에서 사용한 산술 연산자는 우리가 일상생활에서 주로 사용하는 연산이므로 매우 낯이 익다. 하지만 C/C++언어가 지원하는 산술 연산자는 몇 가지 종류가 더 있으며 적절하게 사용할 경우 프로그램의 길이를 줄일 수 있어 편리하게 소프트웨어를 개발할 수 있다.

C/C++언어가 지원하는 산술 연산자의 종류와 사용 방법은 다음과 같다.

연산자	사용 방법	실행 내용
+	a + b	a에서 b를 더한 값을 반환한다.
−	a - b	a에서 b를 뺀 값을 반환한다.
*	a * b	a와 b를 곱한 값을 반환한다.
/	a / b	a와 b를 나눈 값을 반환한다.
%	a % b	a와 b를 나누었을 때의 나머지를 반환한다.
++	a++	원래의 a값을 사용한 후 a값에 1을 더한다.
	++a	a값에 1을 더한 후 a값을 사용한다.
--	a--	원래의 a값을 사용한 후 a값에 1을 뺀다.
	--a	a값에 1을 뺀 후 a값을 사용한다.

산술 연산자에서 특이한 것은 ++ 연산과 -- 연산으로, 변수의 앞과 뒤에 사용할 수 있다. 이때, 컴파일러가 인식하는 연산 순서가 다르며, 잘못 사용할 경우 올바른 결괏값이 나오지 않는다.

++ 연산과 -- 연산은 다음과 같이 사용할 수 있다.

연산자	연산 수행	예제
a++	다른 계산을 먼저 수행한 후 변수 a값을 1만큼 증가시킨다.	a = 1일 때, b = a++; 변수 b에 1이 저장된 후 변수 a의 값에 1을 더한다. 결과 : a = 2, b = 1
++a	변수 a에서 값을 1을 더한 후 다음 계산을 수행한다.	a = 1일 때, b = ++a; 변수 a에 1을 더한 후 변수 b에 그 값을 저장한다. 결과 : a = 2, b = 2
a--	다른 계산을 먼저 수행한 후 변수 a값을 1만큼 감소시킨다.	a = 1일 때, b = a--; 변수 b에 1이 저장된 후 변수 a의 값에 1을 뺀다. 결과 : a = 0, b = 1
--a	변수 a에서 값을 1을 뺀 후 다음 계산을 수행한다.	a = 1일 때, b = --a; 변수 a에서 1을 뺀 후 변수 b에 그 값을 저장한다. 결과 : a = 0, b = 0

》》 대입 연산자

대입 연산자는 변수에 값을 대입하거나 변경할 때 사용하는 연산자로 산술 연산자와 함께 자주 사용되는 연산자이다. 대입 연산자의 특징으로는 산술 연산자의 단축형을 지원한다는 점인데 이러한 특징을 살려 대입 연산자를 잘 활용할 경우 프로그램 전체 길이를 줄일 수 있으므로 알맞게 사용할 경우 간결한 프로그램 코드를 작성할 수 있다.

대입 연산자의 종류와 사용 방법, 실행 내용은 다음과 같다.

연산자	사용 방법	실행 내용
=	a = b	a에 b의 값을 대입한다.
+=	a += b	a = a + b와 같으며 a값에 b값을 더한 후 그 값을 a에 저장한다.
-=	a -= b	a = a - b와 같으며 a값에 b값을 뺀 후 그 값을 a에 저장한다.

*=	a *= b	a = a * b와 같으며 a값에 b값을 곱한 후 그 값을 a에 저장한다.
/=	a /= b	a = a / b와 같으며 a값에 b값을 나눈 후 그 값을 a에 저장한다.
^=	a ^= b	a = a ^ b와 같으며 a값에 b승을 제곱한 후 그 값을 a에 저장한다.
<<=	a <<= b	a = a << b와 같으며 a값의 비트를 b의 숫자만큼 왼쪽으로 이동시킨 후 그 값을 a에 저장한다.
>>=	a >>= b	a = a >> b와 같으며 a값의 비트를 b의 숫자만큼 오른쪽으로 이동시킨 후 그 값을 a에 저장한다.

▶▶ 관계 연산자

관계 연산자는 두 개 이상의 변수의 관계를 정의하는 연산자로서, 결괏값이 참(1)이나 거짓(0)으로 나온다는 점이 특징이다. 관계 연산자는 참과 거짓을 이용하여 프로그램을 보다 논리적으로 구성할 수 있도록 도와주며 드론을 제어하는 소프트웨어를 제작함에 있어서 가장 많이 쓰이는 연산자라고 해도 무방하다.

관계 연산자의 종류와 사용법은 다음과 같다.

연산자	사용 방법	실행 내용
==	a == b	변수 a와 b가 같으면 참(1)을 반환한다. 다르면 거짓(0)을 반환한다.
!=	a != b	변수 a와 b가 다르면 참(1)을 반환한다. 같으면 거짓(0)을 반환한다.
<	a < b	변수 b가 a보다 크면 참(1)을 반환한다. 작으면 거짓(0)을 반환한다.
>	a > b	변수 a가 b보다 크면 참(1)을 반환한다. 작으면 거짓(0)을 반환한다.
<=	a <= b	변수 b가 a보다 크거나 같으면 참(1)을 반환한다. 작으면 거짓(0)을 반환한다.
>=	a >= b	변수 a가 b보다 크거나 같으면 참(1)을 반환한다. 작으면 거짓(0)을 반환한다.

두 변수나 조건을 참 혹은 거짓으로 나타낼 수 있는 연산자의 특성상 관계 연산자는 주로 조건문에 많이 쓰이는데 특히 if 문과 같이 특정 조건을 만족하는지의 여부를 판단할 때 주로 사용된다. if 문과 관계 연산자를 사용한 예제는 다음과 같다. 다음 예제는 정수형 변수로 선언된 변수 a와 b의 크기를 비교하여 a가 b보다 클 경우 문구를 출력하는 예제이다.

예제 #1. 조건문과 관계 연산자 사용하기

```
void setup() {
 Serial.begin(9600);
 int a = 6, b = 3;
 if(a > b){
    Serial.println("Bigger one is a");
 }
}

void loop() {

}
```

위의 예제에서 사용된 관계 연산자는 왼쪽의 변수가 더 큰지 판단하여 왼쪽의 변수(예제에서는 a)가 더 클 경우 참(1)을 반환하고 오른쪽 변수가 더 크거나 두 변수가 같을 경우에는 거짓(0)을 반환한다.

▷▷ 논리 연산자

논리 연산자는 크게 세 가지 종류가 있으며 각각 AND 연산, OR 연산, NOT 연산으로 불린다. 논리 연산자는 주로 두 가지 이상의 조건을 나열하여 비교하는 경우에 사용되며, 주로 if 문과 같은 조건문에 사용된다.

연산자	사용 방법	실행 내용
&&	a && b	a와 b를 비교하였을 때 둘 다 참(1)일 경우 참(1)을 반환한다. 둘 중에 하나라도 거짓일 경우 거짓(0)을 반환한다.
||	a || b	a와 b를 비교하였을 때 둘 중에 하나라도 참이면 참(1)을 반환한다. 둘 다 거짓일 경우 거짓(0)을 반환한다.
!	!a	a가 참(1)일 경우 거짓(0)을 반환하고 거짓(0)일 경우 참(1)을 반환한다.

조건문에서 쓰일 경우 AND 연산자(&&)는 모든 조건을 만족해야 조건문이 실행되며 OR 연산자(||)는 나열한 조건 중에 하나라도 만족할 경우 조건문을 실행한다. NOT 연산자는 특정 조건을 만족하지 않는 상황에서 특별한 작업을 해야 할 때 사용된다.

다음 예제는 AND 연산자와 OR 연산자를 이용하여 조건문을 실행한 예제이다.

예제 #2. 조건문과 관계 연산자 사용하기

```
void setup() {
  Serial.begin(9600);
  int a = 6, b = 0;
  if((a > 6) && (b > 2)){
    Serial.println("First Executed");
  }
  b = 4;
  if((a > 6) && (b > 2)){
    Serial.println("Second Executed");
  }
}

void loop() {

}
```

위의 예제를 실행하면 시리얼 모니터에 Second Executed라는 문구가 출력될 것이다. 첫 구문에서 a는 조건을 만족하지만 b는 조건을 만족하지 않으므로 거짓(0)이 반환되어 조건문이 실행되지 않으며, 두 번째 조건문에서는 b값이 4로 변경되어 2보다 크므로 참(1)이 되어 조건문이 실행되는 것을 알 수 있다.

좀 더 자세하게 얘기하면 첫 번째 조건문에서는 먼저 a라는 변수가 6보다 더 큰지 검사한다. 위의 정의에서는 a = 6이므로 a는 6보다 크지 않으므로 a > 0은 거짓(0)이 반환될 것이다. 또한 AND 연산자(&&) 오른쪽에 있는 관계 연산자의 경우 b = 0이므로 b가 2보다 큰 값인지 검사하는 b > 2 구문은 거짓이 된다. 따라서 a > 6과 b > 2 구문 모두 거짓이므로 (a > 6) && (b > 2)의 결괏값은 "거짓 && 거짓"이므로 "거짓(0)"이 반환된다.

두 번째 조건문에서는 변수 a는 동일하고 변수 b가 4로 변경되었으므로 첫 번째 조건(a > 6)은 여전히 거짓이지만 두 번째 조건(b > 2)을 만족하여 참이므로 AND 연산(&&)의 정의에 의해 결괏값은 참(1)이며 따라서 조건문이 실행된다.

》》 비트 연산자

비트 연산자는 2진수 데이터를 다루기 위한 연산자로서 산술 연산자에 비해 실행 속도가 빠르다는 장점을 가지고 있지만 우리가 일상생활에서 주로 사용하는 10진법을 사용하지 않고 2진법을 사용하므로 바로 이해하기가 어렵다는 단점이 있다. 하지만 2진법을 사용하는 컴퓨터의 입장에서는 굉장히 편리한 계산 방법인데 특히 메모리를 다룰 경우 유용하다.

우리가 변수를 선언하면 메모리에는 해당 변수를 위한 공간이 할당되며 메모리의 물리적인 공간을 사용하게 된다. 메모리의 내부에는 "셀(Cell)"이라는 저장 공간이 빽빽이 있는데 각각의 셀은 내부에 전자가 있는 상태(1)과 없는 상태(0)을 구분하여 데이터를 저장한다. 즉, 1개의 셀에는 보통 1비트의 데이터가 저장되며 비트 연산자를 이용할 경우 이 셀의 비트, 즉 전자를 자유롭게 다룰 수 있다. 비트 연산자는 단어 그대로 비트를 연산하는 기능을 담당하며 가장 핵심적인 기능은 비트를 움직이거나 바꾸는 것이다. 얼핏 어려워 보이는 개념이지만 2진법의 정의를 생각하면 단순하다. 예를 들면 10진수 숫자 5를 2진법으로 표현하면 101(2)인데 비트 연산자는 이 숫자를 직접 다루어 자리를 바꾸거나 반전시키는 것과 같은 연산을 수행할 수 있다. 비트 연산자는 적절하게 사용할 경우 프로그램의 실행 속도가 상당히 빨라지게 되며 물론 잘못 사용할 경우에는 원하는 결과를 얻을 수 없으며 직관적이지 않으므로 오류의 원인도 찾기가 힘들다.

비트 연산자의 목록과 사용 방법은 다음과 같다.

연산자	사용 방법	실행 내용
&	a & b	a와 b의 비트 값을 비교하여 둘 다 참(1)일 경우 참(1)을 반환하며 둘 중 하나라도 거짓(0)이거나 둘 다 거짓(0)일 경우 거짓(0)을 반환한다.
|	a | b	a와 b의 비트 값을 비교하여 둘 중 하나라도 참(1)일 경우 참(1)을 반환하며 둘 다 거짓(0)일 경우 거짓(0)을 반환한다.
^	a ^ b	a와 b의 비트 값을 비교하여 같은 값일 경우 거짓(0)을 반환하며 다른 값을 가질 경우 참(1)을 반환한다.
~	~a	변수 a의 비트를 반전한다. 비트가 0일 경우 1로 바뀌며 1일 경우 0으로 바뀐다.
《《	a 《《 b	변수 a의 비트를 변수 b의 숫자만큼 왼쪽으로 이동시킨다.
》》	a 》》 b	변수 a의 비트를 변수 b의 숫자만큼 오른쪽으로 이동시킨다.

비트 연산자를 이해하기 위해서는 우선 10진수를 2진수로 변환하여 생각해야 한다. 만일 a = 36, b = 62라는 값이 저장되어 있을 때 변수 a와 b를 2진수로 바꾸어 표현하면 다음과 같다.

▶ 변수 a를 2진수로 변환하였을 때

Bit7	Bit6	Bit5	Bit4	Bit3	Bit2	Bit1	Bit0
0	0	1	0	0	1	0	0

▶ 변수 b를 2진수로 변환하였을 때

Bit7	Bit6	Bit5	Bit4	Bit3	Bit2	Bit1	Bit0
0	0	1	1	1	1	1	0

이때 각각의 연산자를 적용할 경우 다음과 같이 된다.

▶ a = 36, b = 62일 때 a & b 연산자는 다음과 같이 계산되며 결괏값은 36이 된다.

연산자	Bit7	Bit6	Bit5	Bit4	Bit3	Bit2	Bit1	Bit0
a & b	0	0	1	0	0	1	0	0
	0	0	1	1	1	1	1	0
결괏값	0	0	1	0	0	1	0	0

▶ a = 36, b = 62일 때 a | b 연산자는 다음과 같이 계산되며 결괏값은 62가 된다.

연산자	Bit7	Bit6	Bit5	Bit4	Bit3	Bit2	Bit1	Bit0
a | b	0	0	1	0	0	1	0	0
	0	0	1	1	1	1	1	0
결괏값	0	0	1	1	1	1	1	0

▶ a = 36, b = 62일 때 a ^ b 연산자는 다음과 같이 계산되며 결괏값은 26이 된다.

연산자	Bit7	Bit6	Bit5	Bit4	Bit3	Bit2	Bit1	Bit0
a ^ b	0	0	1	0	0	1	0	0
	0	0	1	1	1	1	1	0
결괏값	0	0	0	1	1	0	1	0

▶ a = 36일 때 ~a 연산자는 다음과 같이 계산되며 결괏값은 219가 되어야 하나 정수형 변수의 맨 앞자리 비트는 부호를 나타내는 자리이므로 음수가 되며 결괏값은 부호를 바꾼 후 (-36) -1을 뺀 값이 되므로 - 37이 된다.

연산자	Bit7	Bit6	Bit5	Bit4	Bit3	Bit2	Bit1	Bit0
~a	0	0	1	0	0	1	0	0
결괏값	1	1	0	1	1	0	1	1

▶ a = 36, b = 2일 때 a ≪ b 연산자는 다음과 같이 계산되며 결괏값은 144가 된다.

연산자	Bit7	Bit6	Bit5	Bit4	Bit3	Bit2	Bit1	Bit0
a ≪ b	0	0	1	0	0	1	0	0
결괏값	1	0	0	1	0	0	0	0

▶ a = 36, b = 2일 때 a ≫ b 연산자는 다음과 같이 계산되며 결괏값은 9가 된다.

연산자	Bit7	Bit6	Bit5	Bit4	Bit3	Bit2	Bit1	Bit0
a ≫ b	0	0	1	0	0	1	0	0
결괏값	0	0	0	0	1	0	0	1

비트 연산자는 쉽게 이해하기가 힘들고 비트를 단위로 다루는 만큼 연산 과정에서 오류가 생길 수 있으므로 항상 알고리즘을 검증한 후 사용해야 하며 또한 여러 번 시험하여 원하는 결과를 도출할 수 있는지 검증하여야 한다.

다음 예제는 위의 계산을 직접 수행하는 프로그램 코드이다.

예제 #3. 비트 연산자 사용하기

```
void setup() {
  Serial.begin(9600);
  int a = 36, b = 62;
  Serial.print("a & b = ");Serial.println(a&b);
  Serial.print("a | b = ");Serial.println(a|b);
  Serial.print("a ^ b = ");Serial.println(a^b);
  Serial.print("~a = ");Serial.println(~a);
  b = 2;
  Serial.print("a << b = ");Serial.println(a<<b);
  Serial.print("a >> b = ");Serial.println(a>>b);

}

void loop() {

}
```

드론 제어 소프트웨어를 제작함에 있어서 비트 연산자는 핵심적인 역할을 담당하고 있는데 왜냐하면 보통 드론을 제어하는 제어기, 즉 컨트롤러의 메인 프로세서의 성능이 아주 뛰어나지 않기 때문이다. 본 책에서 사용하는 비행 제어 컨트롤러(FC)의 경우 16Mhz의 속도로 작동하는 8비트 프로세서를 사용하는데 보통 스마트폰에 사용되는 프로세서의 경우 32비트(혹은 64비트) 2Ghz 정도의 속도로 작동하므로 굉장히 성능이 낮다고 할 수 있다. 따라서 한정된 연산 성능에서 최대한의 연산 속도를 확보해야 하므로 빠른 속도로 연산을 할 수 있게 해주는 비트 연산자는 빈번히 사용될 수밖에 없다.

제어문과 함수

함수의 정의와 사용

임베디드 시스템에서 주로 사용하는 C/C++언어는 함수의 집합으로 이루어져 있다. 여기서 함수(Function)란 특정 기능을 수행하는 프로그램의 집합으로서, 함수의 시작과 끝은 중괄호({ })로 지시한다. 함수는 그 자체로 하나의 프로그램과 같으며 특정 기능을 수행하는 프로그램 코드를 모아두거나 특정 연산을 반복적으로 수행해야 할 때 사용될 수 있다. 따라서 함수는 하나의 독립된 프로그램 단위라고 할 수 있으며 내부에 다양한 변수를 가질 수 있고 프로그램의 흐름을 제어할 수 있는 제어문을 포함할 수 있다.

함수는 다음과 같은 형태를 지니고 있다.

```
void setup(){
    프로그램 본문 내용
}
```

위의 예제에서 void는 함수 자체의 자료형을 선언하는 것으로 void 이외에도 함수가 반환할 값에 따라 다르게 지정할 수 있다. 예를 들면 함수가 일련의 연산을 수행한 뒤 그 결괏값이 소수점이 포함된 값이라면 float형 혹은 double형으로 선언하여야 올바른 데이터를 반환받을 수 있으며 함수가 생성하는 결괏값이 정수일 경우 int 혹은 long과 같은 정수형으로 선언해야 한다.

예를 들면 다음과 같은 함수는 float형으로 선언해야 한다.

```
float function(int data1, int data2){
    float result = data1 / data2;
    return result;
}

void loop(){
    function(4, 3);
}
```

위의 샘플 코드에서 함수는 2개의 정수형 데이터를 입력받아 나눗셈을 수행한 후 그 결괏값을 반환한다. 이때 수식은 첫 번째 데이터에서 두 번째 데이터를 나누는 것으로, 결괏값은 4/3 = 약 1.3333…이 된다. 만일 정수형 함수로 선언하였다면 소수점 이하는 무시되어 결괏값은 1을 표시하게 되며 이와 달리 실수형 함수로 선언하였다면 정밀도에 따라 7자리 혹은 15자리까지의 소수점을 표현한다.

C/C++언어에서 함수를 사용하기 위해서는 이를 정의하기 전에 대부분 프로그램의 최상단이나 별도의 헤더파일에 그 원형(Prototype)을 정의해야 한다. 함수의 원형을 정의하지 않을 경우 컴파일러는 선언되지 않은 함수로 간주하고 컴파일 오류를 발생시키며 따라서 정상적으로 프로그램이 작성되지 않는다. 아두이노는 이러한 점을 생략하고 사용할 수 있으나 보다 명확한 정의를 위해 원형을 다음과 같이 정의하는 것이 좋다.

```
void functional(int k);
```

원형을 정의할 때에는 몇 가지 주의해야 할 점이 있는데 바로 자료형과 함수명, 입력값으로 사용되는 매개변수가 그것이다. 만약 자료형과 함수명, 매개변수의 선언과 개수가 일치하지 않을 경우 컴파일 오류가 발생하여 컴파일이 불가능하다.

≫ 제어문 사용하기

제어문은 프로그램의 실행 순서와 흐름을 제어할 수 있는 강력한 도구로서 조건을 비교하는 비교 제어문, 같은 작업을 반복해서 수행할 수 있는 반복 제어문, 조건에 따라서 실행할 프로그램을 선택할 수 있는 선택 제어문 등으로 나뉜다. 제어문은 단독 혹은 두 개 이상의 제어문을 함께 사용할 수 있으며 잘못 사용할 경우 프로그램이 정상적으로 실행되지 않고 무한 루프에 빠지거나 반복 구문이 임의 종료되는 등의 오류가 발생할 수 있다. 제어문의 적절한 사용은 알고리즘을 구현하는 데 있어 핵심일 뿐만 아니라 프로그램을 작성하는 노력을 상당 부분 덜어줄 수 있다.

다음은 제어문의 종류와 기능을 나열한 것이다.

종류	제어문	기능
비교 제어문	if ~ else ~	일정 조건을 만족할 때 특정 프로그램을 실행한다.
반복 제어문	for	특정 횟수만큼 프로그램을 반복 수행한다. 조건을 작성하지 않을 경우 무한대로 수행할 수 있다.
	do ~ while	최초 1회 프로그램을 실행한 후 중단 조건을 만족하는지 판단한 후 조건이 만족하지 않을 때까지 프로그램을 반복 수행한다.
	while	조건을 먼저 판단한 후 조건이 만족하지 않을 때까지 프로그램을 반복 수행한다.
선택 제어문	switch ~ case	특정 조건을 만족할 때에 실행할 프로그램을 모아서 사용하는 것으로 비교 제어문과 유사하지만 보다 효율적으로 조건을 검사하여 프로그램을 실행할 수 있다.
분기 제어문	continue	실행 중인 프로그램의 위치에 상관없이 반복문의 조건 검사를 하는 위치로 강제로 이동한다. 이때 continue 이후의 프로그램은 무시한 후 이동한다.
	break	가장 가까이에 있는 1개의 반복문을 빠져나온다. break 이후의 반복문은 무시한다.

각각의 제어문은 두 개 이상을 겹쳐서 사용할 수 있는데, 예를 들면 for 구문으로 반복 구문을 작성한 후 반복 구문 내부에 if 문을 배치시켜 조건을 여러 번 검사하는 형태로 사용할 수 있다. 이럴 경우 검사 횟수에 맞추어 동일한 개수의 if 문을 작성해야 하는 불편함을 줄일 수 있을 뿐만 아니라 프로그램의 가독성도 개선할 수 있다.

》 비교 제어문 : if ~ else

if ~ else 제어문은 for 제어문과 더불어 가장 많이 쓰이는 제어문이다. if 제어문은 조건문을 검사하여 만족할 경우 중괄호(⑴) 내부에 있는 프로그램을 실행시키며, else 문이 있을 경우 조건을 만족하지 않은 경우에 대해서 프로그램을 만들 수 있다. 예를 들면 두 변수 a와 b가 있을 때, a가 b보다 클 경우에 실행할 프로그램과 b가 a보다 큰 경우에 실행할 프로그램을 정의할 수 있다.

if ~ else 제어문은 다음과 같은 형태로 사용한다.

■ if만 단독으로 사용할 경우	■ if ~ else를 사용할 경우

if(조건문){
　　조건을 만족할 때 실행할 프로그램
　}
	if(조건문){
	　　조건을 만족할 때 실행할 프로그램
	}else{
	　　조건을 만족하지 않을 때 실행할 프로그램
	}

만일 if 구문만 단독으로 사용할 때 조건문을 만족하지 않는 경우에는 아무런 프로그램을 실행시키지 않고 다음 구문으로 넘어간다. 따라서 특정 조건을 만족할 때 특정 기능을 실행시키고자 할 때 주로 쓰이며 if ~ else 문은 조건에 따라 다른 상황이 필요할 때 주로 사용된다. 특이하게도 if 구문은 세 가지 이상의 조건도 검사할 수 있는데, 이렇게 사용하기 위해서는 다음과 같이 사용할 수 있다.

```
■ 3가지 이상 실행 프로그램을 포함하는 if 구문
if(조건1){
   조건1을 만족할 때 실행할 프로그램
}else if(조건2){
   조건2를 만족할 때 실행할 프로그램
}else{
   조건 1과 조건 2를 만족하지 않을 때 실행할 프로그램
}
```

else if 구문은 두 개 이상을 사용할 수 있으므로 네 가지 이상 실행 프로그램을 포함할 때 사용할 수 있다.

》》 반복 제어문 : for

for 제어문은 특정 횟수만큼 프로그램을 반복해서 수행하기 위해 사용되는 제어문이다. 따라서 반복할 횟수를 지정해야 하며 반복 조건을 지정하지 않을 경우 무한대로 반복해서 수행한다. for 구문은 두 개 이상을 겹쳐서 사용할 수 있는데, 이때 내부의 for 구문과 내부의 for 구문은

동시에 반복되지 않고 내부의 for 구문이 먼저 실행된 후 외부의 for 구문이 실행된다는 특징을 가지고 있다. 따라서 만일 외부의 for 구문이 3회 반복을 하고 내부의 for 구문이 2회 반복하게 된다면 내부 for 구문에 속해 있는 프로그램은 총 6회 반복되게 된다.

for 구문은 다음과 같이 사용할 수 있다.

for(초기값; 조건식; 증감 연산자)

■ 일반적인 사용	■ 무한 반복

for(i=0;i<6;i++){
　실행할 프로그램
　}
	for(;;){
	　실행할 프로그램
	　}

초기값은 프로그램이 시작할 숫자이며, 보통 정수형 숫자를 지정한다. for 구문은 조건식을 만족할 때까지 프로그램을 반복해서 수행하게 된다. 증감 연산자는 초기값에서 얼마나 값을 변화시킬 것인지 결정할 수 있다. 위의 예시에서처럼 i++을 지정할 경우 I값을 먼저 검사한 후 i = i+1과 같게 되며 ++i를 지정할 경우 i값에서 1을 증가시킨 후 조건문을 검사하게 된다.

두 개 이상의 for 구문을 겹쳐서 사용할 때에는 다음과 같이 사용한다.

```
■ 2개 이상의 for 구문 사용하기
for(i=0;i<5;i++){
　실행할 프로그램
　for(j=4;j<10;j++){
　실행할 프로그램
　}
　}
```

〉〉 반복 제어문 : while

while 제어문은 for 구문과 더불어 반복 구문에서 자주 쓰이며 조건을 만족하지 않을 때까지 구문 내부에 작성된 프로그램을 반복해서 실행한다. 만약 조건을 주지 않고 1을 지정할 경우 while 문은 break 구문을 만날 때까지 반복해서 프로그램을 수행하게 된다. 따라서 조건문과 함께 사용하여 반복 구문을 계속 수행하다가 특정 조건을 만족할 경우 if 문이 검출하여 탈출하는 형태로 사용할 수 있다.

while 문은 다음과 같은 형태로 사용할 수 있다.

```
■ 일반적인 사용
while(조건문){
  실행할 프로그램
}
```

```
■ 무한 반복
while(1){
  실행할 프로그램
  if(탈출 조건){
    break;
  }
}
```

≫ 반복 제어문 : do ~ while

do ~ while 제어문은 특정 조건을 만족하지 않을 때까지 프로그램을 반복 수행하는 구문이다. while 구문과 비슷하게 사용되지만, do ~ while 구문은 반복 구문을 무조건 1회 실행한 후 조건문을 검사한다는 특징이 있다.

do ~ while 문은 다음과 같은 형태로 사용할 수 있다.

```
do{
  실행할 프로그램
}while(조건문);
```

do ~ while 문을 사용할 때 주의해야 할 점은 while(조건문) 부분의 끝에 세미콜론(;)을 반드시 붙여야 컴파일 오류가 발생하지 않는다는 것이다.

⟫⟫ 선택 제어문 : switch ~ case

switch ~ case 제어문은 특정 변수가 특정 값일 때 정해진 프로그램을 선택해서 수행하는 제어문이다. if 구문과는 달리 여러 개의 프로그램을 미리 작성한 후 조건에 따라 선택할 수 있으며, 하나의 변수의 조건 검사 결과에 따라 다양한 프로그램을 실행할 필요가 있을 때 주로 사용한다.

switch ~ case 구문은 다음과 같은 형태로 사용할 수 있다.

```
switch(변수){
 case 값1:
   변수 = 값1일 때 실행할 내용
   break;
 case 값2:
   변수 = 값2일 때 실행할 내용
   break;
 case 값3:
   변수 = 값3일 때 실행할 내용
   break;
 default:
   변수 값이 값1, 값2, 값3 모두 아닐 때 실행할 내용
 }
```

switch ~ case 구문은 실행할 내용 뒤에 반드시 break; 구문이 있어야 반복 구문을 빠져나갈 수 있다.

⟫⟫ 분기 제어문 : continue

continue 구문은 반복문에서만 사용할 수 있는 제어문으로 프로그램이 반복되어 수행하다가 continue 구문을 만날 경우 이후의 반복 프로그램은 무시하고 다음번의 반복 작업을 수행한다.

continue 구문은 다음과 같은 형태로 사용할 수 있다.

```
continue;
```

》》 분기 제어문 : break

break 구문은 반복 구문을 탈출하기 위해서 쓰이는 제어문으로, 반복 구문의 실행 횟수에 상관없이 1개의 반복 구문을 탈출하게 된다.

break 구문은 다음과 같은 형태로 사용할 수 있다.

break;

Part 2

임베디드
시스템
제어하기

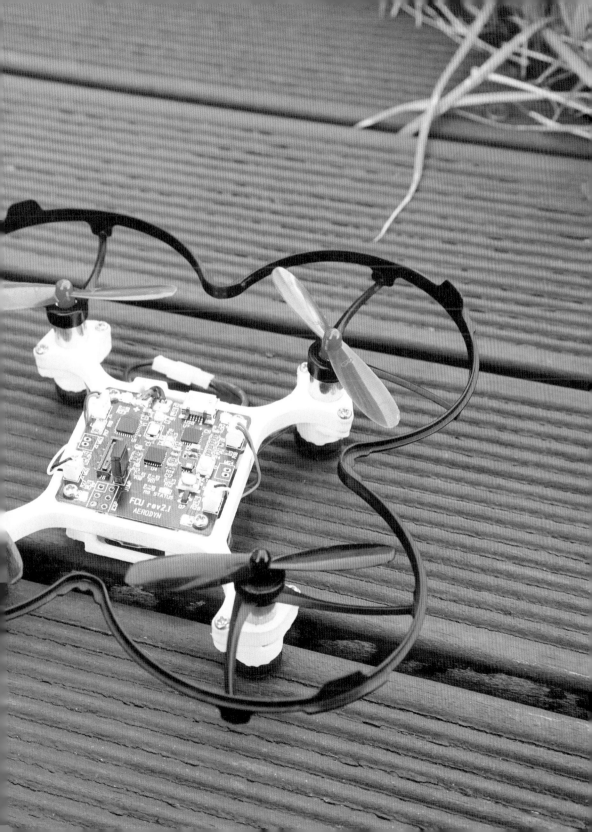

LED 제어하기

임베디드 시스템(Embedded System)이란 특정 목적을 수행하기 위한 하드웨어와 소프트웨어의 집합을 말한다. 여기서 특정 목적이란 우리가 해당 시스템을 통해서 수행해야 할 임무 혹은 작업을 이야기하며 드론의 경우 특정 목적은 어떤 경우에도 안정된 비행을 할 수 있는 성능이라고 할 수 있다. 또한 무더운 여름에 사용하는 에어컨의 경우 실내 공기의 평균 온도를 사용자가 원하는 수준으로 낮추는 것이 시스템의 목적이라고 할 수 있다. 이렇듯 임베디드 시스템은 범용 컴퓨터 시스템과 달리 하나 혹은 몇 개의 목적을 위하여 개발되며 따라서 다양한 작업을 수행할 수 있는 성능보다는 특정 목적을 달성하는 데 최적화된 하드웨어와 소프트웨어를 갖추는 것이 중요하다.

1769년 스코틀랜드의 과학자 제임스 와트(James Watt)가 최초로 실용적인 산업용 증기 기관을 개발한 이래로 인류는 산업혁명이라는 새로운 시대를 맞이하였다. 20세기 초반까지 이어지는 산업 시대 동안 다양한 발명품이 개발되고 또 사라졌는데, 그중에서 인류에게 빛이라는 선물을 선사한 전구는 현대에 들어서도 여전히 중요한 발명품으로 간주되고 있다. 20세기 초반에 보급되기 시작한 초기의 전구는 텅스텐을 가늘게 꼬아서 만든 필라멘트에 전기를 흘려 전기 저항으로 인해 빛이 발생하는 원리로 제작되었다. 전기 저항을 이용하는 방식의 특성상 빛 이외에도 열에너지와 적외선 에너지가 추가적으로 발생하였으며, 이는 전구의 에너지 효율을 급격하게 떨어뜨리는 중요한 요인이 된다. 따라서 백열등은 투입하는 전기 에너지의 양에 비해 빛으로 전환되어 배출하는 에너지양이 비교적 적었으며 이러한 문제 이외에도 발생하는 열로 인해 필라멘트가 서서히 기화되므로 전구의 수명이 짧았다.

에디슨이 발명한 전구는 인류에게 빛을 선물하여 20세기 최고의 발명품으로 꼽힌다.

이러한 단점을 극복하기 위해 등장한 것이 바로 전기 에너지를 곧바로 빛 에너지로 변환할 수 있는 장치인 LED이다. LED는 발광 다이오드로 번역되며 Light Emitting Diode의 약자이다. LED는 반도체 소자의 일종으로서, 전자와 양공(Electron Hole, 분자 내부에서 전자들을 채워 넣을 수 있는 빈자리)이 만날 때 서로 가지고 있는 에너지의 차이만큼의 에너지를 가지는 파장 의 빛을 내어 놓는 원리로 작동된다. 따라서 열에너지나 적외선과 같은 부산물이 발생하지 않고 효율적으로 전기 에너지를 빛 에너지로 변환할 수 있다. 특히 LED는 다이오드로서 반도체의 일 종이고 소모 전력이 적으므로 간단한 트랜지스터를 이용하거나 MCU에 직접 연결하여 효율적 으로 제어할 수 있다.

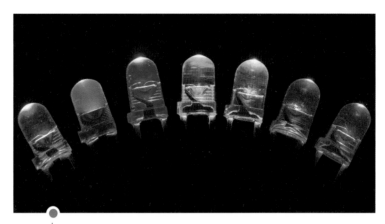
└─ LED는 전기 에너지를 이용하여 효율적으로 빛을 만들어 낼 수 있다.

보통 인쇄 회로 기판(PCB)의 표면에 납땜되는 칩LED의 경우 소모 전력이 굉장히 작아 (50mA 미만) 마이크로컨트롤러(MCU)의 내부 전류로 충분히 구동이 가능하여 MCU 포트에 직접 연결하여 제어할 수 있다. 하지만 0.3W 이상의 소모 전류를 갖는 LED의 경우 모터나 다른 고부하 부품과 마찬가지로 트랜지스터를 이용하여 간접 제어를 수행한다. 트랜지스터를 이용할 경우에도 MCU에 직결하는 경우와 큰 차이 없는 프로그램 코드를 이용한다.

LED는 켜고 끄거나 밝기를 조절하는 정도의 기능을 가지고 있어 제어 및 조작이 굉장히 쉬우므로 임베디드 시스템에 사용되는 소프트웨어에 대한 학습을 할 때 가장 기본적인 예제로서 사용된다. 본 책에서 레퍼런스로 사용되는 제어 보드의 경우 아두이노 나노를 사용하며, 해당 시스템에서의 LED는 기본적으로 13번 핀에 부착되어 있다. 따라서 별도의 회로를 필요로 하지 않으며, 프로그램 코드를 몇 줄 작성하는 것만으로도 쉽게 작동할 수 있다.

기본 LED 제어 프로그램

LED를 제어하는 첫 번째 예제는 일정 주기를 두고 LED를 켜고 끄는 것이다. 13번 핀의 LED를 제어하기 위해서는 다음과 같은 프로그램 코드를 작성한 후 업로드한다.

예제 #1. 1초 주기로 LED 켜고 끄기

```
#define LED 13
int8_t interval = 1000;

void setup() {
  pinMode(LED, OUTPUT);
  digitalWrite(LED, LOW);
}

void loop() {
  digitalWrite(LED, LOW);
  delay(interval);
  digitalWrite(LED, HIGH);
  delay(interval);
}
```

위의 코드를 컴파일 후 업로드하면 아두이노의 13번 핀(디지털 핀)에 연결된 LED가 모두 1초 간격으로 켜졌다가 꺼지는 것을 반복할 것이다. 만일 EDUCOPTER FCU를 이용하여 위의 코드를 실행하게 된다면 PCB 보드의 위쪽과 아래쪽에 위치한 초록색, 파란색, 빨간색 LED가 모두 깜박이는 것을 확인할 수 있다.

위의 코드의 각 라인별 해설은 다음과 같다.

```
#define LED 13                          LED라는 단어를 13으로 정의한다(LED = 13).
int8_t interval = 1000;                 1바이트 정수형 변수로 interval을 선언하고 초기
                                        값을 1000으로 지정한다.

void setup() {
  pinMode(LED, OUTPUT);                 LED(13번)핀을 출력 모드로 설정한다.
  digitalWrite(LED, LOW);               LED(13번)핀을 OFF시킨다(LOW = 0).
}

void loop() {
  digitalWrite(LED, LOW);               LED(13번)핀을 OFF시킨다.
  delay(interval);                      interval값만큼(1000밀리초 = 1초) 기다린다.
  digitalWrite(LED, HIGH);              LED(13번)핀을 ON시킨다.
  delay(interval);                      interval값만큼(1000밀리초 = 1초) 기다린다.
}
```

위의 코드에서 interval값을 1000에서 2000으로 바꾸면 LED는 2초에 한 번씩 점멸할 것이다.

아두이노에서 LED는 다양한 디지털 포트로 제어할 수 있다. 아두이노 나노 혹은 우노보드를 예로 들자면 디지털 I/O핀인 1~13번 핀까지 모두 사용할 수 있다. 따라서 디지털 I/O핀과 1:1로 연결한다면 아두이노 우노/나노 및 에듀콥터 나노 보드에서는 총 13개의 LED를 제어할 수 있다. 하지만 모든 디지털 I/O핀을 LED를 제어하는 데 사용할 수는 없다. 디지털 I/O핀은 LED 제어 이외에도 스위치 신호 입력, I2C통신, SPI통신 및 UART통신, PWM 신호 생성 등 다양한 용도로 사용될 수 있기 때문에 활용도가 매우 높으므로 한 개의 핀으로 가능한 한 많은 LED를 제어해야 한다. 이를 위해서 사용되는 것이 바로 시프트 레지스터(Shift Register)라고 불리는 IC소자이다.

많은 양의 LED를 제어하기 위해서는 시프트 레지스터(Shift Register)가 널리 사용된다.

》 LED 제어회로

　LED는 단순히 빛을 내는 반도체 소자로서 전원 환경에 굉장히 민감한 특징을 가지고 있다. 따라서 적절한 전압과 전류를 소자로 흘려줄 수 있는 회로가 필요하며, 이를 위해서 저항이나 트랜지스터를 반드시 사용해야 한다. 보통 MCU의 디지털 I/O핀은 적은 양의 전력을 공급할 수 있으므로 파워 LED나 소모 전력이 0.3W 이상일 경우에는 트랜지스터를 이용하여 간접적으로 제어하게 된다.

　보통 LED를 제어하는 회로는 저항을 이용하여 전압을 조절한다. 가장 단순한 LED 제어 회로는 다음과 같다.

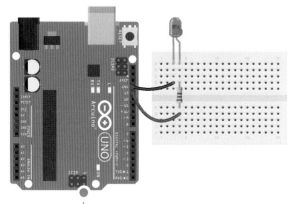

저항을 이용하여 아두이노와 LED를 연결한 회로

이때, 저항의 크기를 계산하여야 회로가 안정적으로 작동한다. 저항의 크기를 계산하기 위해서는 옴의 법칙(Ohm's Law)을 이용해야 한다.

옴의 법칙은 다음과 같다.

$$V = IR$$

$$R = \frac{V}{I}$$

(V : 전압, I : 전류, R : 저항)

위의 식을 이용하여 저항값을 계산할 수 있다. 예를 들면 LED의 소모 전류가 20mA이고 공급 전압이 5V이고 LED의 정격 전압(Nominal Voltage)이 3.6V일 때, 저항에는 1.4V[LED 또한 부하(Load)의 일종이라서 저항으로 간주할 수 있으므로 5V - 3.6V = 1.4V]의 전압이 걸려야 한다. 이때, 필요한 저항의 크기는 다음과 같다.

$$R = \frac{1.4V}{0.01A} = 140\Omega$$

$$(10mA = \frac{10}{1000}A = 0.01A)$$

저항과 LED를 이용하여 회로를 구성하여 아두이노에 연결할 때에는, 디지털 I/O핀에 연결해야 한다. 아두이노 우노 혹은 나노, 에듀콥터 시리즈의 제어보드의 경우 1~13번 핀이 해당하며, 이 중 0번, 1번 핀은 하드웨어 UART 통신핀으로 사용될 수 있고, 또한 3, 5, 6, 9, 10, 11번 핀은 PWM 신호를 출력하는 핀으로 사용할 수 있으므로 이를 제외한 2번, 7번, 8번 및 12번, 13번 핀을 사용하는 것이 좋다.

만약 7번 핀을 이용하여 LED를 제어하기 위해서는 앞서 실습했던 프로그램 코드를 다음과 같이 고쳐야 한다.

```
#define LED 7
int8_t interval = 1000;

void setup() {
  pinMode(LED, OUTPUT);
  digitalWrite(LED, LOW);
}

void loop() {
  digitalWrite(LED, LOW);
  delay(interval);
  digitalWrite(LED, HIGH);
  delay(interval);
}
```

LED를 7번 핀에 연결한다.
1바이트 정수형 변수로 interval을 선언하고 초기값을 1000으로 지정한다.

LED(7번)핀을 출력모드로 설정한다.
LED(7번)핀을 OFF시킨다(LOW = 0).

LED(7번)핀을 OFF시킨다.
interval값만큼(1000밀리초 = 1초) 기다린다.
LED(7번)핀을 ON시킨다.
interval값만큼(1000밀리초 = 1초) 기다린다.

함수명	기능
pinMode(핀 번호, 입력/출력)	지정한 핀을 입력(INPUT) 혹은 출력(OUTPUT)으로 설정
digitalWrite(핀 번호, 0/1)	지정한 핀을 켜거나(ON) 끌(OFF) 수 있다.
delay(시간)	지정한 시간(밀리초)만큼 시스템을 지연시킨다(1000밀리초 = 1초).

》》 트랜지스터를 이용하여 LED 제어하기

트랜지스터는 전류나 전압의 흐름을 조절할 수 있는 일종의 스위치 역할을 하는 소자로서, 스위치 역할 이외에도 전류를 증폭할 수 있는 기능을 가진 소자이다. 트랜지스터는 대용량의 전류를 조그마한 소자로 제어할 수 있으며, 트랜지스터를 이용하기 전에는 진공관(Vacuum-tube)이라는 소자를 주로 사용하였다. 하지만 진공관은 진공을 유지해야 정상적으로 작동하므로 부피가 매우 크고 내구성이 낮으며 가열된 금속이 전자를 방출하는 에디슨 효과를 응용하여 제작되어 발열량이 굉장히 커 부수적인 냉각장치를 필요로 하였으므로 진공관을 이용한 제어 회로는 필연적으로 굉장히 커질 수밖에 없었다. 하지만 1947년 미국 벨 연구소의 H.W.Barattain과 J.Bardeen, W.Schokely에 의해 트랜지스터가 발명된 이후 진공관을 매우 작은 소자로 대체할 수 있게 되었으며 이는 전자 회로를 굉장히 작게 제작할 수 있게 하여 현대의 전자산업이 크게 발전하는 계기가 된다.

LED를 제어하는 것은 트랜지스터의 다양한 용도 중 하나이다. MCU에 직접 LED를 연결하지 않고 트랜지스터에 연결하여 사용하는 이유는 단순한데, MCU가 공급할 수 있는 전력은 한계가 있기 때문이다. 따라서 전력 소모량이 큰 LED나 모터와 같은 소자를 작동시키기 위해서는 트랜지스터를 이용하여 전압을 조절하여야 하며 트랜지스터는 보통 +극(Collector 혹은 Drain), 그라운드(Emitter 혹은 Source), 전류의 흐름을 제어할 수 있는 단자(Base 혹은 Gate)로 구성되어 있다. 트랜지스터를 이용하면 단순히 켜거나 끄는 동작을 할 수 있을 뿐만 아니라 별도의 복잡한 회로 없이 LED의 밝기나 모터의 회전 속도를 조절할 수 있다.

트랜지스터를 이용한 LED 제어 회로는 다음과 같다.

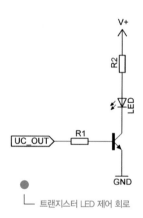

└ 트랜지스터 LED 제어 회로

위의 회로도에서 UC_OUT은 MCU의 입출력 포트이다. V+는 배터리나 전원의 (+)극을 나타내며 GND는 (-)극을 나타낸다. R1은 MCU와 트랜지스터 사이에 위치한 저항으로서 제어하기 전 작동 상태를 결정하기 위한 풀업(Pull-Up) 저항이다. 풀업 저항은 디지털 신호가 0 또는 1이 아닌 애매한 상태에 있는 플로팅(Floating) 현상을 제거하기 위한 기법으로 보통 1KOhm에서 10KOhm 사이의 저항을 많이 사용한다.

위의 회로를 아두이노에 적용한다면 다음과 같이 할 수 있다.

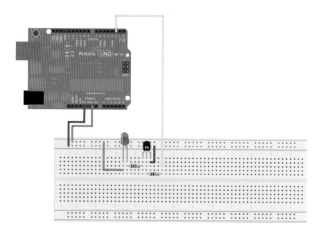

이를 제어하기 위한 프로그램은 앞서 작성한 프로그램과 크게 다르지 않은데, 위의 그림에 따르면 디지털 핀 중 2번 핀을 LED를 제어하기 위해 사용한 것을 알 수 있다. 따라서 다음과 같이 프로그램을 수정하면 트랜지스터를 이용하여 LED를 제어할 수 있다.

예제 #2. 디지털 2번 핀을 이용하여 LED 제어하기

```
#define LED 2
int8_t interval = 1000;

void setup() {
 pinMode(LED, OUTPUT);
 digitalWrite(LED, LOW);
}

void loop() {
 digitalWrite(LED, HIGH);
}
```

시리얼 통신

아두이노를 비롯한 다양한 임베디드 시스템은 하나 이상의 메인 프로세서나 센서를 사용하며 서로 데이터를 주고받을 수 있는 통신 기능을 지원한다. 통신은 유선 통신과 무선 통신으로 나뉘며 주로 선을 이용하여 통신하는 방법인 유선 통신을 이용하여 다른 센서 혹은 컴퓨터와 통신하게 된다. 유선 통신은 또 직렬 통신(Serial Communication)과 병렬 통신(Parallel Communication)으로 나뉘는데 이는 각각의 장단점이 있다.

직렬 통신과 병렬 통신의 특징은 다음과 같다.

구분	장점	단점
직렬 통신	• 통신 거리가 길다. • 통신 프로토콜의 구현이 쉽다. • 통신을 위한 포트의 수가 적다. • 가격이 저렴하다.	통신 속도가 비교적 느리다.
병렬 통신	통신 속도가 비교적 빠르다.	• 통신 거리가 짧다. • 통신을 위한 포트 수가 많다. • 가격이 비싸다.

직렬 통신과 병렬 통신은 서로 상반되는 특징을 가지고 있다. 따라서 통신 속도가 중요한 내부 부품 간의 통신은 주로 병렬 통신을 이용하며, 컴퓨터나 아두이노 외부의 센서를 이용할 때에는 통신 거리가 긴 직렬 통신을 주로 이용한다. 가장 대표적인 직렬 통신은 실생활에서 굉장히 많이 쓰이는 USB(Universal Serial Bus)이다. 최신 USB의 경우 최대 5Gbps의 뛰어난 데이터 전송 속도를 가지고 있으며, 대용량 데이터를 고속으로 전송할 때 쓰인다. 아두이노의 경우 대용량의 데이터를 다루지 않고 또 저장할 공간이 없으므로 주로 USB보다는 UART, I2C, SPI 등과 같은 단거리 저속 통신을 사용한다.

Serial Communication

Sender → Receiver

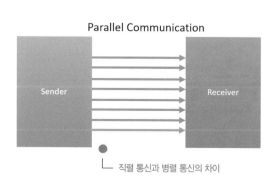

Parallel Communication

Sender → Receiver

└ 직렬 통신과 병렬 통신의 차이

아두이노는 컴퓨터와 직렬 통신을 할 수 있도록 구성되어 있다. 아두이노에서 생성한 UART 통신 신호를 USB 신호로 변환한 후 컴퓨터로 전달하는 방식으로 통신할 수 있으며, 보통 아두이노와 컴퓨터 USB 통신의 기준 전압이 서로 다르므로 이를 맞추어주기 위해서 별도의 칩셋을 사용한다. 해당 칩셋으로서 대표적으로 CP210x 시리즈의 칩셋이 있으며 보통 저렴한 아두이노 보드의 경우 CH340 칩셋 혹은 FT232 칩셋을 많이 사용하고 있다. 보통 임베디드 시스템과 컴퓨터가 직렬 통신을 할 경우 이와 맞는 통신 프로토콜을 구현하여 통신을 하여야 하지만 아두이노의 경우 사용자가 별도로 설정할 필요 없이 간단하게 컴퓨터와 통신할 수 있으며, 이를 사용하기 위한 함수를 기본적으로 내장하고 있다.

아두이노-컴퓨터 통신을 위한 간단한 예제는 다음과 같다.

예제 #1. 컴퓨터와 시리얼 통신하기

```
int16_t data = 0;

void setup() {
  Serial.begin(9600);
}

void loop() {
  if(Serial.available()){
   data = Serial.read();
   Serial.print("Input Data : ");
   Serial.println(data);
   }
}
```

시리얼 통신의 원리

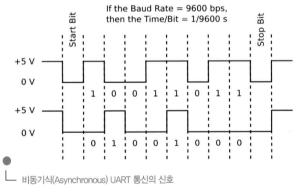

비동기식(Asynchronous) UART 통신의 신호

시리얼 통신은 디지털 통신의 일종으로서, 5V 혹은 3.3V의 전압이 인가될 때 HIGH(1), 0V 의 전압이 인가될 때 LOW(0)로 인식하는 통신 방식이다. 앞서 언급했던 바와 같이 직렬 통신 은 두 가닥의 선으로 통신할 수 있는데 신호를 송신하는 선을 트랜스미터(Transmitter, Tx), 신호를 수신하는 선을 리시버(Reciver, Rx)라고 한다. 고속 시리얼 통신의 대표주자인 USB 통 신은 D+와 D- 선을 이용하여 데이터를 주고받는다.

아두이노는 여러 가지 통신 방법을 지원하고 있는데 가장 대표적인 통신 시스템은 UART (Universal Asynchronous Receiver Transmitter) 통신이라고 할 수 있다. UART 통신은 동기식과 비동기식으로 나뉘는데, 비동기식 통신은 UART라고 부르며 동기식 통신은 USART (Universal Synchronous/Asynchronous Receiver Transmitter)라고 부른다. 동기식 통신과 비동기식 통신은 데이터 송신 시작과 종료를 알리는 방법에 차이가 있는데, 비동기식 통신은 데이터 송신 시작을 알리는 별도의 신호 없이 시작 비트와 끝 비트를 보내는 방식으로 데이터를 교환한다. 반면에 동기식 방법은 데이터를 송신할 때 클럭 신호를 생성하여 데이터를 보내기 시작함을 알리고 동기화된 클럭 신호와 데이터 신호를 비교하여 데이터를 수신한다. 따라서 동기식 방법은 수신부에서 신호를 구분하기 위한 특별한 소프트웨어적인 절차가 필요하지 않으므로 더 빠른 속도로 통신할 수 있다.

시리얼 통신을 이용하여 LED 제어하기

시리얼 통신을 이용하여 컴퓨터를 통해 아두이노에 연결된 LED를 제어할 수 있다. 다음은 시리얼 통신을 이용하여 LED의 점멸 주기를 제어하는 예제이다.

예제 #2. 시리얼 통신을 이용하여 LED 점멸 주기 제어하기

```
#define LED 13
int interval = 1000;

void setup() {
  Serial.begin(9600);
  pinMode(LED, OUTPUT);
  digitalWrite(LED, LOW);
}

void loop() {
  if(Serial.available()){
    interval  = Serial.parseInt();
  }
  digitalWrite(LED, LOW);
  delay(interval);
  digitalWrite(LED, HIGH);
  delay(interval);
}
```

위의 프로그램을 작성하여 아두이노 보드에 업로드한 후 시리얼 모니터를 실행하여 원하는 점멸 주기를 밀리초(=1/1000초) 단위로 전송하면 LED의 점멸 주기가 달라지는 것을 알 수 있다. 위의 예제에서 특이한 점은 parseInt라는 함수인데, parseInt함수는 시리얼 통신에서 숫자만 걸러내는 기능을 하고 있으며 그 값을 interval이라는 함수에 저장한다.

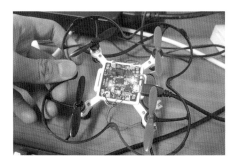

└ LED의 점멸 주기를 조절하는 프로그램 실행 결과

아두이노가 지원하는 시리얼 통신 관련 함수

함수명	문법	사용처
begin()	Serial.begin(통신 속도);	시리얼 통신을 시작할 때 사용한다.
end()	Serial.end();	시리얼 통신을 종료할 때 사용한다.
available()	Serial.available();	시리얼 통신을 통하여 값이 전송되었는지 검증할 때 사용한다.
parseInt()	Serial.parseInt();	전송된 값에서 정수형 숫자 값을 검출하여 반환한다.
parseFloat	Serial.parseFloat();	전송된 값에서 실수형 숫자 값을 검출하여 반환한다.
print()	Serial.print("표시내용");	ASCII 형태의 문자로 전송된 내용을 화면에 표시한다.
println()	Serial.println("표시내용");	ASCII 형태의 문자로 전송된 내용을 화면에 표시한 후 한 줄을 바꾼다.
read()	Serial.read();	시리얼 데이터를 수신하여 저장한다.
write()	Serial.write(송신할 내용);	시리얼 포트로 데이터를 송신한다.

PWM 제어

PWM은 펄스 폭 변조(Pulse Width Modulation)의 약자로 디지털 신호를 연속적인 아날로그 신호로 변환하는 방법 중 하나이다. PWM 제어는 스위칭 제어(Switching Control)의 기반이 되는 기술로서 전원을 ON/OFF 하는 시간과 주기를 조절하여 원하는 전압값을 얻어 낼 수 있다. PWM 제어를 하기 위해서는 제어 주기(Period)와 듀티 사이클(Duty Cycle)에 대한 개념을 이해해야 한다. 우선 제어 주기는 말 그대로 신호를 송출하는 주기로서, 제어 품질에 큰 영향을 미치는 요소이다. 제어 주기의 단위는 헤르츠(Hz)로, 1초에 제어하는 주기를 의미하며 제어 주기가 짧을수록 더 빠른 속도로 신호를 생성하게 된다. 따라서 더욱 부드럽게 전압 혹은 전류를 제어할 수 있으나, 전류의 흐름 변화로 인한 고주파 노이즈가 발생하게 되며 잦은 ON/OFF로 인한 스위칭 손실(Switching Loss)이 발생하게 된다. PWM 제어는 보통 모터를 제어하거나 LED의 밝기를 제어하는 데 널리 쓰이고 있으며, 전압이나 전기적 특성을 보다 정확하고 효율적으로 변환하는 인버터(Inverter) 회로에도 널리 쓰이고 있다.

PWM 제어의 장단점은 다음과 같다.

장점	단점
• 디지털 시스템에서 구현하기 쉽다. • 전력 손실이 적어 우수한 효율을 가지고 있다. • 트랜지스터를 사용하여 제어할 수 있어 높은 전력을 제어할 수 있다. • 디지털 방식이므로 외부 잡음에 강하다.	• 구현하기 위한 회로가 비교적 복잡하다. • 회로를 구성하기 위한 비용이 비교적 높다.

》》 제어 주기와 듀티 사이클

드론의 모터를 제어하기 위해서는 전력 효율이 높은 PWM 방식을 주로 사용한다. 모터를 부드럽게 제어하기 위해서는 제어 주파수를 높여야 하며 제어 주파수가 낮을 경우 모터에서 소음이 발생하게 된다. 제어 주기는 전원을 1회 ON/OFF 하는 데 걸리는 시간으로, 제어 주파수와는 역수의 관계가 있다.

즉,

$$f = \frac{1}{T} \ (\ f \ : \ \text{제어 주파수}, \ T \ : \ \text{제어 주기})$$

듀티 사이클(Duty Cycle)은 전체 주기 대비 전원을 ON 하는 시간의 비율로, PWM 신호의 출력을 결정하는 핵심 요소이다. 예를 들어 5V의 전압이 공급되고 10%의 듀티 사이클인 PWM 신호를 생성하면 출력 전압은 5V의 10%인 0.5V의 전원이 출력된다. 만약 12V의 전압이 공급되고 듀티 사이클이 40%일 경우 12V의 40%인 4.8V의 전압기 출력된다. 이때 제어 주기가 10ms라고 가정하면 제어 주파수는 역수의 관계이므로 100Hz이며, 전원을 ON 하는 시간은 10ms의 40%인 4ms가 되게 된다.

다음 그림은 듀티 사이클에 따른 PWM 신호의 파형과 주기의 관계를 나타낸 것이다.

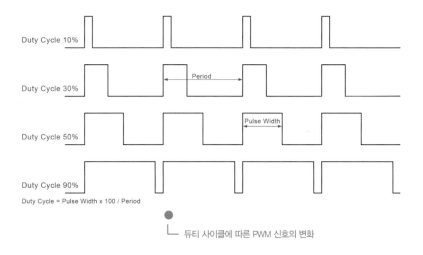

듀티 사이클에 따른 PWM 신호의 변화

아두이노는 기본적으로 490Hz, 980Hz의 주파수를 가지는 PWM 신호를 생성하지만 PWM 주파수는 사용자의 임의에 따라 설정할 수 있다. 하지만 원하는 주파수를 모두 만들어낼 수는 없으며, 회로 내부의 발진기의 주파수에 따라서 만들 수 있는 주파수가 달라지게 된다.

아두이노에서 PWM을 사용하기 위해서는 PWM 신호를 출력할 수 있는 핀을 사용해야 한다. 아두이노 나노의 경우 3번, 5번, 6번, 9번, 10번, 11번 핀에서 PWM 신호를 출력하며 이 중에서 5번과 6번 핀은 기본적으로 980Hz의 주파수로 작동한다. 이러한 차이점은 PWM 신호를 생성하기 위한 타이머(TIMER)의 분해능 차이로 발생하는 현상이며 아두이노 나노의 경우 총 3개의 타이머가 있다. 각각의 타이머는 2개의 핀에서 PWM 신호를 생성할 수 있으며, 총 6개의 PWM 신호를 생성한다.

PWM 핀별로 매칭되는 타이머와 기본 제어 주파수는 다음과 같다.

타이머	핀 번호	기본 제어 주파수
Timer 0	3번, 9번	490Hz
Timer 1	5번, 6번	980Hz
Timer 2	10번, 11번	490Hz

》》 아두이노에서 PWM 사용하기

아두이노에 주로 사용되는 ATmel 사의 AVR칩의 경우 시간의 흐름을 측정할 수 있는 타이머(Timer)가 내장되어 있으며 이를 이용하여 PWM 신호를 생성하기 위해서는 타이머의 환경 설정을 수행하고 인터럽트를 활성화시키며 파형을 선택하고 카운트 신호를 제어하는 것과 같이 비교적 복잡한 프로그램을 구현하여야 한다. 하지만 아두이노는 PWM 기능을 사용하기 위한 복잡한 절차를 생략하고 하나의 함수로 모든 기능을 구현할 수 있도록 구성하였다.

아두이노에서 PWM 신호는 다음과 같은 함수를 이용하여 사용한다.

analogWrite(핀 번호, 듀티 사이클);

- 핀 번호 : 3, 5, 6, 9, 10, 11 중 하나
- 듀티 사이클 : 0 ~ 255(255 = 100% 듀티 사이클)

다음 예제는 analogWrite 함수를 이용하여 모터의 회전 속도를 제어하는 프로그램이다. 프로그램을 실행하면 1초 주기로 회전 속도가 달라지며 듀티 사이클이 50%가 넘을 경우 듀티 사

이클을 0으로 초기화한 후 반복해서 모터를 제어한다.

예제 #1. analogWrite 사용하기

```
uint8_t pinPWM[6] = {3, 5, 7, 9, 10, 11}, i = 0, SPEED = 0;

void setup(){
  Serial.begin(9600);
  for(i=0;i<6;i++){
    pinMode(pinPWM[i], OUTPUT);
    analogWrite(pinPWM[i], 0);
  }
}

void loop(){
  for(i=0;i<6;i++){
    analogWrite(pinPWM[i], SPEED);
  }
  delay(1000);
  SPEED += 10;
  if(SPEED >= 100){SPEED = 0;}
}
```

아날로그-디지털 변환기(ADC)

PWM 제어는 디지털 신호를 연속적인 아날로그 신호로 변환하는 디지털-아날로그 변환기(Digital to Analog Converter, DAC)이다. 이와 반대 방향으로 작용하는 것은 아날로그-디지털 변환기(Analog to Digital Converter, ADC)로 불리며 연속적인 아날로그 신호를 0과 1로 이루어진 디지털 신호로 바꾸어주는 역할을 한다. 보통 ADC로 입력되는 아날로그 신호는 전압과 전류가 있으며 아날로그 센서의 종류에 따라 달라진다.

ADC를 이용하는 가장 흔한 사례는 온도 센서이다. 온도 센서는 온도의 변화에 따라 물질의 내부 저항이 변하는 현상을 이용하거나 기전력이 달라지는 현상을 이용하여 온도를 측정하는 센서로, 온도에 따라 출력되는 전압이 달라진다. 컴퓨터(MCU)는 출력되는 전압의 크기를 측정하여 온도를 계산할 수 있으며, 전압은 ADC를 거쳐 디지털 신호로 변환된다.

ADC의 작동 원리

연속된 신호인 아날로그 신호를 디지털 신호로 변환하기 위해서는 샘플링(Sampling)이라는 단계를 거쳐 표본 데이터를 수집한 다음 아날로그 신호와 유사한 샘플링 데이터를 양자화하여 가장 가까운 이산값과 가까운 값으로 근사시킨 후 이를 부호화하여 2진수로 구성된 데이터를 만들어 낸다.

이를 그림으로 표현하면 다음과 같다.

(1) 샘플링(Sampling)

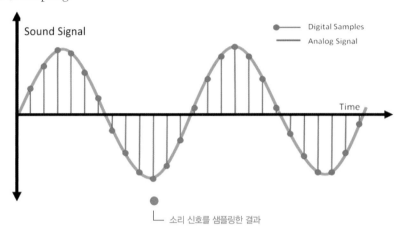

소리 신호를 샘플링한 결과

    샘플링이란 연속된 아날로그 신호를 특정 시간 간격을 두고 값을 구분하여 측정하는 것을 말한다. 이때 측정 시간 간격은 샘플링 주기이며, 주파수와 주기는 역수의 관계를 가지고 있으므로 샘플링 주파수를 의미한다. 여기서 주의해야 할 점은 나이퀴스트(Nyquist)의 정리에 의해 샘플링 주파수는 원래 신호의 최대 주파수의 두 배 이상이 되어야 신호의 왜곡을 최대한 억제할 수 있다. 아날로그 신호를 샘플링하게 되면 특정 시간에 특정 크기를 가지는 막대 그래프를 얻을 수 있으며, 다음 단계인 양자화 과정에서 0과 1의 이산 신호로 변환된다.

(2) 양자화(Quantization)

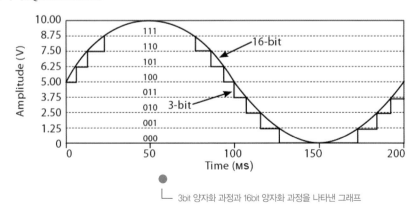

3bit 양자화 과정과 16bit 양자화 과정을 나타낸 그래프

양자화란 샘플링한 데이터를 인접한 이산값(2진수)으로 근사화하는 것을 말한다. 이때, 분해능에 따라서 데이터의 해상도가 달라지는데, 3비트의 분해능과 16비트의 분해능을 비교할 때, 16비트가 더 많은 정보를 저장할 수 있으므로 전압을 더 세밀하게 구분하여 저장할 수 있다. 3비트의 분해능을 가질 경우 데이터는 총 2^3개를 저장할 수 있으므로 8단계로 전압을 쪼개어 저장할 수 있다. 따라서 기준 전압(Vref)이 5V일 때 1개의 부호는 5 ÷ 8 = 0.625V를 의미한다. 만약 16비트의 분해능을 가진 ADC라면 총 2^{16}개의 데이터를 저장할 수 있으므로 65536단계로 전압을 쪼갤 수 있으므로 같은 기준 전압일 때 1개의 부호는 5V ÷ 65536 = 0.01526mV = 15.26μV을 나타낸다.

(3) 부호화(Coding)

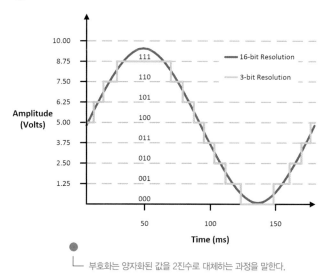

└ 부호화는 양자화된 값을 2진수로 대체하는 과정을 말한다.

양자화 과정을 거친 신호는 어느 정도 디지털로 변환이 되어 있지만 여전히 진폭(Amplitude)이 존재하는 아날로그 신호에 가까운 값이다. 부호화 과정은 대푯값으로 대체된 신호를 각각의 대푯값에 해당하는 2진수로 바꾸는 과정을 말한다. 예를 들면 5V의 기준 전압이 공급되고 3비트의 분해능을 가지는 ADC는 총 8개의 단계로 전압을 구분할 수 있고, 각 단계는 0.625V의 전압 차이가 나므로 측정된 값이 3.2V일 때 대략 5.12단계가 된다. 이때 가장 가까운 단계는 5단계이므로 부호화를 거치게 되면 $101_{(2)}$이라는 값을 최종적으로 얻게 된다.

아두이노는 기본적으로 여러 개의 ADC를 탑재하고 있다. 본 교재에서 사용하는 아두이노 나노의 경우 MCU로 ATmega328P 칩셋을 사용하는데 이 칩셋은 총 8개의 ADC 핀을 제공한다. ADC 핀은 디지털 핀과 분리되어 제공되며, 각각 핀의 이름은 A0부터 A7까지 있다. 칩셋의 ADC 기능을 이용하기 위해서는 센서가 연결된 핀의 입출력 방향을 입력으로 설정한 후 데이터가 저장되는 레지스터를 읽어 들여 합성하는 방법으로 사용해야 한다. 하지만 아두이노는 이러한 복잡한 과정 없이 하나의 함수를 이용하여 쉽게 디지털화된 아날로그 신호를 입력받을 수 있다.

ADC 핀에 연결된 센서의 아날로그 신호를 디지털 신호로 변환한 값은 다음 함수를 이용한다.

저장할 변수명 = analogRead(연결된 핀 번호);

이때, 연결된 핀 번호는 아두이노 나노를 기준으로 할 때 A0~A7까지 사용할 수 있다.

아두이노의 ADC는 10비트의 분해능을 제공하고 있으므로 5V의 기준 전압을 1,024개의 단계로 쪼개어 저장할 수 있다.

ARDUINO NANO Version 3.0 Pin Layout

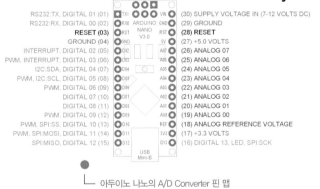

└ 아두이노 나노의 A/D Converter 핀 맵

ADC를 이용하여 배터리 전압 측정하기

아두이노의 ADC를 이용하는 가장 실용적인 예제로서 배터리의 전압을 측정하는 배터리 체커(Battery Checker)가 있다. 배터리 체커는 실생활에서 유용하게 사용할 수 있는데, 1차 전지의 잔량을 측정하거나 2차 전지(충전지)의 충전 용량을 측정하기 위해서 사용된다. 특히 드론에 있어서 배터리의 잔량을 측정하는 것은 중요한데 일정 수준 이하로 배터리의 잔량이 떨어질 경우 기본적인 자세 제어에 필요한 전력조차 공급할 수 없어 결국 추락으로 이어질 수 있기 때문이다.

배터리의 용량을 측정하기 위해서는 기준 전압과 측정하고자 하는 배터리의 기전력(전압)에 따라서 회로 구성이 달라진다. 만약 측정하고자 하는 배터리의 최고 전압이 기준 전압보다 낮을 경우 하나의 풀업 저항을 부착하여 측정할 수 있으며, 전기적 노이즈를 최소화하기 위한 저역통과 필터(LPF)회로를 구성하여 사용할 수 있다. 하지만 측정하고자 하는 전압이 기준 전압보다 높을 경우 배터리 용량을 측정하기 위해서는 저항 두 개로 이루어진 회로를 별도로 구성하여야 한다.

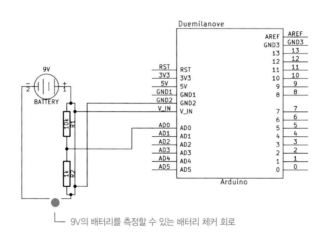

9V의 배터리를 측정할 수 있는 배터리 체커 회로

위의 회로를 구성할 때 주의해야 할 것은 저항의 크기를 임의로 바꾸어선 안 된다는 점이다. 저항의 크기는 측정하고자 하는 배터리의 최대 용량에 따라서 달라지는데, 전하에서 일어나는 전압 강하를 이용하여 측정 가능한 범위를 제한해야 한다. 보통 아두이노의 레퍼런스 전압

(Vref)은 5V이므로 9V 배터리를 바로 A/D Converter에 인가하게 된다면 아두이노 보드 전체가 파괴될 수 있다. 따라서 저항을 이용하여 5V 이하로 전압을 낮춘 다음 그 값을 측정해야 한다. 만일 9V 이상의 전압을 측정하고자 한다면 옴의 법칙(Ohm's Low)을 이용하여 쉽게 필요한 저항의 크기를 구할 수 있다.

만약 12V의 공칭 전압을 갖는 배터리의 전압을 측정하고자 한다면 다음과 같이 구할 수 있다.

배터리의 +극에서 나온 전류는 첫 번째 저항을 통과하게 되는데, 이때 전압이 강하하여 5V 이하가 되어야 한다. 이때, 12V를 5V 이하로 맞추기 위해서는 4V로 맞추면 될 것이다. 전압을 기존의 3분의 1로 줄여야 하므로 R1의 저항을 2㏀, R2의 저항을 1㏀으로 맞춘다면 전압은 옴의 법칙에 의해 2㏀ 저항에서 8V가 강하되고 AD0 핀은 4V로 측정될 것이다. 따라서 4V의 전압이 측정될 때 배터리의 용량이 100%라고 가정하고 배터리 용량을 계산하면 된다.

다음 예제는 3셀 리튬이온 배터리(최대 12.8V)의 용량을 측정할 수 있는 프로그램 코드이다.

예제 #1. analogRead를 이용하여 배터리 전압 체크하기

```
int VIN = 0, VMAX = 819;
void setup(){
  Serial.begin(9600);
}

void loop(){
  VIN = analogRead(A0);
  Serial.print("Voltage : ");
  Serial.print((VIN*100)/VMAX);
  Serial.println("%");
}
```

위의 예제를 실행하기 위해서는 강압한 전압이 아두이노 보드의 A0 핀에 연결되어 있어야 한다. 10bit ADC에서 4V일 때의 측정값은 다음과 같이 구할 수 있다.

$$5V : 4V = 1024 : x$$

$$x = \frac{4 \times 1024}{5} = 819.2 \approx 819$$

따라서 819의 값이 측정되었을 때 100% 용량으로 간주하며 배터리를 측정할 때 저항에 의해 에너지가 소모되므로 점점 배터리 용량이 줄어들 것이다. 만약 ADC를 통해 692라는 값이 측정되었을 경우 배터리 용량은 다음과 같다.

$$\frac{692}{819} \times 100\% = 84.49\%$$

배터리 용량을 측정할 때에는 측정하고자 하는 배터리의 종류에 따라서 프로그램이 달라지게 된다. 드론에 주로 사용하는 리튬 계열의 배터리 전압을 측정할 경우 배터리팩 1개, 즉 1개 셀당 3V~4.2V의 전압을 가질 수 있으며 4.2V 전압이 측정될 경우 100%로 충전된 상태이며 3V 혹은 3.3V일 경우 방전 상태(0%)로 간주한다.

만약 단순히 배터리 용량을 측정하지 않고 일정 용량 이하로 줄어들었을 때 알리고 싶을 경우 if 구문을 이용하여 예외 처리를 할 수 있다.

다음 예제는 배터리 용량이 15% 이하로 줄어들었을 경우 13핀에 연결된 LED를 이용하여 경보를 할 수 있는 예제이다.

예제 #2. analogRead를 이용하여 배터리 전압 체크하기

```
int VIN = 0, VMAX = 820;
float RATIO = 0;
void setup(){
   Serial.begin(9600);
}

void loop(){
   VIN = analogRead(A0);
   RATIO = (float)(VIN*100)/(float)VMAX;
   Serial.print("Voltage : ");
   Serial.print(RATIO);
   Serial.println("%");
   if(RATIO <= 15.){
      digitalWrite(13, HIGH);
   }
}
```

관성 측정 장치(Inertial Measurement Unit) 사용하기

하늘을 자유자재로 날아다니는 드론은 어떻게 공중에서 제자리 비행을 할 수 있을까? 바로 관성 측정 장치라고 불리는 센서 덕분이다. 관성 측정 장치는 관성력(Inertial Force)을 측정하는 센서를 말하며 관성 운동을 하는 물체의 속도, 방향, 중력 및 작용하는 힘을 종합적으로 측정하는 장치를 말한다. 관성 측정 장치는 보통 IMU로 불리며 내부에 두 가지 이상의 센서를 포함하고 있다. 드론을 비롯한 항공기, 우주선에 있어서 IMU는 자기 자신의 자세를 추정할 수 있을 뿐만 아니라 출발 지점(원점)에서 얼마나 멀리 있는지, 또 어떤 속도로 어느 방향을 향하고 있는지 추정할 수 있는 기본적인 정보를 제공한다. 관성 측정 장치를 이용하여 자기 자신의 위치와 속도, 고도를 추정하는 장치를 관성 항법 장치(Inertial Navigation System, INS)라고 하며 드론뿐만 아니라 일반적인 비행기, 헬리콥터, 자동차를 비롯하여 탄도 미사일과 순항 미사일 등 대부분의 비행체에 널리 쓰이고 있다. IMU를 이용한 관성 항법 장치는 외부의 영향을 거의 받지 않고 자신의 위치와 속도를 추정할 수 있는 장점이 있고 빠른 속도로 자기 자신의 위치를 갱신(Update)할 수 있으나 인공위성을 이용한 항법 장치(GNSS)에 비해 비교적 정밀도가 낮고 시간이 지날수록 오차가 커지는 단점이 있다.

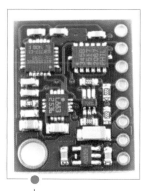

MEMS IMU 센서 모듈

비행체에 있어서 이렇게 다양한 기능을 구현해주는 IMU는 크게 세 가지 센서로 구성되어 있다. 가속도와 작용하는 힘을 측정하는 가속도 센서(Accelerometer), 회전 속도(각속도)를 측정하는 자이로스코프(Gyroscope) 센서, 지구의 자기장을 측정하는 지자기 센서(Magnetometer)로 구성된다.

각각의 센서는 다음과 같은 특징을 가지고 있다.

⟫ 가속도 센서(Accelerometer)

가속도 센서는 말 그대로 가속도를 측정하는 역할을 하는 센서로 가속도 센서가 탑재된 물체의 속도의 변화량을 측정하는 센서이다. 가속도 센서를 통하여 측정한 가속도 값은 물리적으로 다양한 의미를 가질 수 있으며, 그중에서도 많이 사용되는 것은 물체의 속도와 물체에 작용하는 모든 힘을 측정하는 것이다. 이외에도 물체가 외부의 힘에 의해 충격을 받을 경우 급격하게 속도 변화가 일어나므로 충격을 감지할 때 사용하기도 한다.

MEMS형 3축 가속도 센서

가속도 센서는 이름과 같이 가속도의 크기를 측정하는 센서이며 가속도의 크기뿐만 아니라 가속도의 방향까지 측정할 수 있다. 또한 가속도를 측정할 수 있으면 뉴턴의 운동 법칙에 의하여 센서에 작용하는 힘을 계산할 수 있다.

다음 식은 가속도 센서로부터 측정한 데이터를 바탕으로 센서에 작용하는 힘을 계산하는 뉴턴의 법칙을 나타낸 것이다.

$$F = ma = m\frac{dv}{dt} = \frac{d(mv)}{dt} \text{(단, 질량 m이 변하지 않을 때)}$$

뉴턴의 제2법칙에 의하면 물체에 작용하는 힘은 물체의 질량과 가속도를 곱한 값과 같으며, 가속도의 정의는 시간의 변화에 따른 속도의 변화량이므로 시간에 대한 속도의 미분 형태로 나타낼 수 있다. 이때, 물체의 질량이 변하지 않는다면 상수로 간주할 수 있으므로 다음과 같이 운동량의 정의를 이용하여 표현할 수 있다.

$m_0 = m_1 = m$ 일 때, 운동량 M의 변화량은 다음과 같다.

$$\Delta M = m_1 V_1 - m_0 V_0 = m(V_1 - V_0) = mdV = d(mV)$$

따라서 가속도 센서는 물체에 작용하는 힘뿐만 아니라 운동량의 변화량을 측정할 수 있으며 운동량의 변화량은 충격량이나 충격력을 계산할 수 있으므로 에어백 센서와 같이 충격을 감지하여 작동하는 시스템에 사용될 수 있다.

또한 자신의 위치를 알아내는 항법 시스템 구성에 있어서도 핵심적인 역할을 할 수 있는데, 보통 가속도 센서는 이동 거리와 속도, 시간과 가속도와의 관계를 이용하여 물체의 속도와 이동 거리를 추정할 수 있으므로 이를 이용하여 미분과 적분을 수행하면 물체의 속도 값을 얻거나 이동 거리를 얻을 수 있다.

이를 수학적인 식으로 나타내면 다음과 같다.

$a = \dfrac{dv}{dt}$, $v = \dfrac{ds}{dt}$ 이므로, 다음과 같은 관계가 성립한다.

$$a = \frac{dv}{dt} = \frac{d\dfrac{ds}{dt}}{dt} = \frac{d}{dt}\frac{ds}{dt} = \frac{a^2 s}{dt^2}$$

이때, 가속도 a 를 시간에 따라 적분하면 다음과 같은 방법으로 물체의 속도를 얻을 수 있다.

$$\frac{dv}{dt} = a, \quad dv = a \cdot dt$$

$$\int_{v_0}^{v_1} dv = \int_{t_0}^{t_1} a \cdot dt$$

$$\Delta v = v_1 - v_0 = a(t_1 - t_0)$$

(v : 물체의 속도, a : 측정한 가속도, t : 측정한 시간)

따라서 속도의 변화량을 얻을 수 있으며, 만일 정지 상태에서부터 측정을 하였다면, 초기 속도는 0이 된다. 여기서 주의할 점은 가속도 값을 적분하여 얻은 속도는 단위 시간 동안 측정한 속도의 변화량이지 절대 속도의 절댓값이 아니다. 만약 가속도 센서를 적분하여 X축 방향으로 1.5m/s의 속도 변화량을 얻었다면, 직전 속도 값에 이 값을 더하여 나타내야 한다.

즉, 다음과 같다.

$$v_2 = v_1 + \Delta v$$

이렇게 얻은 속도의 변화량을 다시 측정한 시간에 대하여 적분을 수행하면 속도에 따른 이동 거리를 구할 수 있다. 이동 거리와 속도는 다음과 같은 관계를 가지고 있다.

$$v = \frac{ds}{dt}, \quad ds = vdt$$

$$\Delta s = \int_{t_0}^{t_1} vdt$$

$$\Delta s = v\Delta t = v(t_1 - t_0)$$

따라서 가속도 센서를 이용하여 속도 값을 구한 후 다시 그 속도 값을 적분하면 단위 시간 동안 이동한 거리를 알 수 있다. 엄밀하게 말하면 속도 값 또한 시간에 따라서 변하는 값이므로 위의 식처럼 단순히 적분되지 않으며 센서값은 항상 정확한 값을 출력하지 않으므로 오차가 누적되는 드리프트(Drift) 현상이 발생한다. 따라서 오차값을 최소화하는 알고리즘을 적용해야 하며 고주파 영역의 불필요한 오차를 무시하는 저역 통과 필터 알고리즘과 같은 신호처리기법을 이용해야 한다.

특히 가속도 센서는 데이터를 수집하는 주기가 빠르지만 각각의 값은 정확하지 않은 신호인 노이즈(Noise)가 많아 대개 정확하지 않다. 따라서 보다 정확한 값을 구하기 위해서는 고주파 노이즈를 제거할 수 있는 저역 통과 필터(Low Pass Filter, LPF)를 적용하거나 이동 평균 필터(Moving Average Filter, MAF) 등을 적용하여 사용한다.

자세를 추정할 때 있어서 가속도 센서는 물체의 가속도를 측정하므로 속도의 변화량이 없는 등속 운동 중일 경우에는 값을 측정할 수 없다는 단점이 있다. 또한 많은 양의 노이즈로 인해 자세값을 추정할 때 정확하지 않으며, 측풍과 같이 외부에서 작용하는 힘으로 인해 부정확한 결괏값이 나올 수 있다. 따라서 드론에 탑재되어 자세를 측정하거나 위치를 측정하는 목적으로 사용될 때에 앞서 언급한 단점으로 인해 가속도 센서 단독으로 잘 사용되지 않으며 후술할 자이로스코프와 함께 결합되어 사용된다.

가속도 센서의 출력값은 보통 중력 가속도 단위(g)로 나타내며 이를 SI단위계로 바꾸었을 경우 정의되는 가속도 값의 단위는 m / s^2이다.

▷▷ 자이로스코프(Gyroscope)

자이로스코프 센서는 라틴어로 '회전하는 것'을 의미하는 Gyro와 측정 장치를 의미하는 Scope라는 단어가 결합된 것이다. 자이로스코프는 단어 뜻 그대로 회전하는 정도를 측정하며, 그 결괏값을 각속도(Angular Velocity) 형태로 출력한다. 따라서 회전한 각도 값을 구하기 위해서는 측정한 시간에 대한 적분을 수행해야 하며, 적분 수행 과정에서 오차가 불필요하게 누적되어 정확한 값을 얻을 수 없다. 자이로스코프는 드론을 비롯하여 비행체나 우주선의 자세를 측정하는 데 있어서 요긴하게 사용되는데 고유의 특성으로 인해 단독으로 사용되기보다는 단점을 보완할 수 있는 센서와 결합되어 사용된다. 자이로스코프는, 갱신 속도(Update Rate)는 빠르지만 각각의 값이 부정확한 가속도 센서와는 반대의 특성을 가지며 하나하나의 출력값은 비교적 정확하지만 갱신 속도는 느리다. 자이로스코프의 종류에 따라서 정밀도와 갱신 속도에는 큰 차이가 있지만 대개 단독으로 쓰이지는 않는다.

자이로스코프를 이용하여 자세값을 얻기 위해서는 출력된 데이터를 이용하여 적분 과정을 수행하는데, 만약 3축(X, Y, Z축) 자이로스코프를 이용하여 회전 각을 측정한다고 가정하면 다음과 같은 과정을 통하여 자세값을 추정한다.

만약 자이로스코프에서 출력된 값이 각각의 축에 대해서 w_x, w_y, w_z 라고 한다면,

$$\text{X축 회전각(Roll Angle)} : \phi = \int_{t_0}^{t_1} w_x dt = w_x (t_1 - t_0)$$

$$\text{Y축 회전각(Pitch Angle)} : \theta = \int_{t_0}^{t_1} w_y dt = w_y (t_1 - t_0)$$

$$\text{Z축 회전각(Yaw Angle)} : \psi = \int_{t_0}^{t_1} w_z dt = w_z (t_1 - t_0)$$

의 관계를 가진다.

자이로스코프는 오래된 역사만큼이나 다양한 종류가 있는데, 가장 정확하면서도 비싼 종류는 링 레이저 자이로(Ring Laser Gyro)이다. 링 레이저 자이로는 레이저를 이용하여 회전 각속도를 검출하는 장치로서, 빛을 이용하는 장치의 특성상 뛰어난 정밀도를 가지고 있으며 보통 대형 여객기, 우주선, 전투기 및 미사일, 로켓 등에 쓰인다. 하지만 뛰어난 정밀도만큼 크기가 크고 각속도를 검출하기 위한 복잡한 회로가 필요하여 가격이 비싸다는 단점이 있다. 반면에 기계식

자이로는 비교적 가격이 저렴하고 상대적으로 정밀도가 낮지만 커다란 부피를 가지고 있고 물리적인 구조를 가지고 있으므로 무거우며 물리 법칙으로 인해 정밀한 값을 출력하는 데 제약을 지니고 있다. 마지막으로 널리 쓰이는 자이로 센서는 전자식 자이로 센서가 있다. 전자식 자이로 센서는 전향력(코리올리의 힘, Coriolis Force)을 이용한 센서로 보통 미세 전기-기계 시스템(Micro Electro Mechanical System, MEMS)으로 제작되어 크기가 굉장히 작고 무게가 극히 가벼우며 가격이 저렴하고 전력 소모가 적다는 장점이 있다. 반면에 광학식이나 기계식 자이로에 비해 정밀도가 크게 낮다는 단점이 존재한다. 드론에 있어서 크기와 무게, 가격은 굉장히 중요한 요소이므로 대부분의 드론에는 MEMS 자이로 센서를 사용한다.

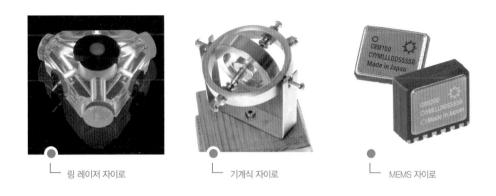

링 레이저 자이로   기계식 자이로   MEMS 자이로

자이로스코프 센서를 통하여 얻은 데이터는 각속도이며, 각속도의 단위는 rad/s 혹은 deg/s를 사용한다. 자이로스코프 센서를 사용하는 목적은 드론이나 비행체의 회전각을 측정하여 현재 자세를 알기 위함이며, 가속도 센서가 출력하는 자세값과 결합되어 현재 자세의 추정값을 계산할 때 사용된다.

>>> 지자기 센서(Magnetometer)

지자기 센서는 센서 주위에 감지되는 자기장의 세기를 측정하는 센서로 주위에 특별한 자기장이 있다면 대개 지구 자기장의 세기를 측정한다. 이때 센서가 측정하는 지구 자기장의 방향은 보통 지구의 북극 방향을 향하며 지구의 북극은 S극이므로 센서는 결국 S극 방향을 측정한다. 지자기 센서는 전류가 흐르는 도선에 직각 방향으로 자기장이 통과할 때 전류의 방향과 자기장의 방향에 수직인 방향으로 기전력이 발생하는 홀 효과(Hall Effect)에 의해 자기장을 감지한다. 따라서 주위의 자기장 환경에 대단히 민감하며 이는 가속도 센서와 비슷한 특징을 부여한다. 가속도 센서와 마찬가지로 지자기 센서는 빠른 속도로 데이터를 갱신하지만 고주파 노이즈로 인하여 하나하나의 값은 비교적 부정확하다. 따라서 가속도 센서와 마찬가지로 단독으로 쓰이지 않고 자이로 센서와 결합되어 사용된다.

└─ 3축 지자기 센서 모듈

지자기 센서를 사용하는 가장 중요한 목적은 드론이나 비행체가 향하는 방향을 알기 위함이다. 가속도 센서와 자이로 센서는 비행체의 X축, Y축, 즉 롤(Roll)각과 피치(Pitch)각에 대한 자세값을 추정할 수 있는 정보를 제공하지만 X축과 Y축은 지구 표면과 일치하므로 Z축에 대한 회전인 Yaw의 경우 기준점이 없어 어느 방향을 향하는지는 알려주지 못한다. 자이로스코프 센서는 Z축에 대한 회전각을 측정하여 방위(향하는 방향)에 대한 정보를 제공할 수 있지만 오차의 누적으로 인해 결국엔 정밀한 방위각을 측정할 수 없다. 이를 보완하기 위해 지구 자기장을 측정하여 지구 극점의 위치를 알아내어 지구상에서 향하는 방향을 추정하여 가속도 센서와 마찬가지로 자이로스코프 센서의 측정값과 결합시킨다.

지자기 센서값을 이용하여 방위각을 측정하기 위해서는 자북을 가리키는 X축의 측정값과 동서를 가리키는 Y축의 측정값을 이용해야 한다.

즉, 다음과 같은 식을 통하여 방위각(Yaw)을 추정한다.

$$\psi = \arctan\left(\frac{X}{Y}\right)$$

이때, 주의해야 할 점은 센서는 항상 수평을 가리키고 있지 않으므로 회전한 상태에서의 자북 방향의 측정값과 동서 방향의 측정값을 추정해야 한다. 또한 지자기 센서는 전류의 흐름이나 금속에 대해 민감한 특성을 가지고 있으므로 가능한 한 전기가 흐르는 회로에서 멀리 위치해야 하며 대전류가 흐르는 송전탑이나 발전소 등에서는 부정확한 값을 출력하게 된다.

⫸ ARS와 AHRS

ARS는 자세 참조 시스템(Attitude Reference System)의 약자로서 드론의 자세를 측정하는 장치를 말한다. 이와 달리 AHRS는 자세 및 방위 참조 시스템(Attitude & Heading Reference System)의 약자로서 자세뿐만 아니라 비행체가 움직이는 방향까지 측정하는 장치를 말한다. ARS와 AHRS의 가장 큰 차이는 비행하는 방향을 측정할 수 있는지의 여부이다. 비행 방향을 측정하기 위해 AHRS에는 가속도 센서, 지자기 센서와 함께 방위를 추정할 수 있는 지자기 센서가 포함된다. 정확한 자세값을 측정해야 정밀한 비행을 할 수 있기 때문에 ARS와 AHRS는 드론에 있어서 가장 중요한 장치라고 할 수 있다.

소형 무인 항공기에 사용되는 마이크로 AHRS 시스템

ARS와 AHRS를 구현하기 위해서는 다양한 센서로부터 얻은 정보를 통합하여 자세값과 방위 값을 추정하는 기술이 필요하다. 이를 위해서는 센서의 부정확한 정보를 최대한 걸러낼 수 있는 디지털 신호 처리(Digital Signal Processing, DSP) 기술과 두 가지 이상의 센서값을 융합하여 보다 정확한 결괏값을 도출할 수 있는 센서 융합(Sensor Fusing) 기술을 필요로 한다.

이 중에서도 센서 융합 기술은 가장 중요한 기술로, 정밀한 ARS/AHRS를 만드는 데 있어서 핵심 기술이라고 할 수 있다. ARS/AHRS의 정밀도는 보통 deg/hr 단위로 측정하는데, 만약 1deg/hr의 정밀도를 가진 시스템이라면 1시간 동안 측정하였을 때 약 1도 정도의 오차를 가지는 것을 말한다. 마찬가지로 10deg/hr의 정밀도를 가진 시스템은 1시간에 약 10도 정도의 오차를 가지는 것을 의미한다.

ARS/AHRS 센서는 드론뿐만 아니라 자동차, 항공기, 선박 및 미사일과 로켓 등 움직이는 물체에 널리 사용되고 있다. 특히 항공우주 분야에 있어서 반드시 사용되는 센서로서, 자신의 자세값을 측정하여 원하는 자세를 유지하거나 위치를 추정하는 관성 항법 시스템(Inertial Navigation System, INS)에도 이용되므로 필수라고 할 수 있다. ARS/AHRS는 그 정밀도에 따라서 가격이 천차만별로 달라지며 드론에 사용되는 MEMS 센서를 탑재한 ARS/AHRS는 약 10달러에서 100달러 정도의 저렴한 가격을 가지지만 초음속 미사일이나 로켓, 상업용 대형 여객기, 전투기 등에 쓰이는 센서는 수천만 원에서 수억 원의 가격을 호가한다. 일례로 보잉 737과 같은 상용 여객기에 사용되는 Honeywell 사의 고정밀 AHRS는 단가가 약 88,216달러로 약 1억 원의 가격을 자랑한다.

Honeywell AH-2100 Super AHRS

InvenSense MPU-6050 센서

앞서 언급했던 바와 같이 드론에 있어서 크기와 무게, 가격은 가장 중요한 고려 요소이다. 따라서 핵심이 되는 IMU 센서는 가능한 한 가격이 저렴하고 작은 크기와 가벼운 무게를 가져야 하며, 아이러니하게도 자세를 측정하여 유지하기 위한 최소한의 성능을 만족해야 한다. 드론이 자세를 유지하기 위해서는 최소한 1초에 400번 이상 자세를 추정해야 하며, 각각의 센서는 융합되어 사용되므로 지연율과 정밀도를 고려할 때, 최소한 2배 이상의 주기로 원시 데이터 (Raw Data)를 측정해야 한다. 따라서 800Hz 이상의 갱신 주파수를 가지는 센서를 사용해야 할 것이다.

InvenSense 사의 MPU 시리즈는 이러한 요구 조건에 완벽히 부합하는 센서이다. 미세 전기-기계 시스템(MEMS) 기술을 응용하여 만들어진 MPU 시리즈의 센서는 크기가 극도로 작고(가로 4mm, 세로 4mm, 높이 0.9mm) 무게가 극히 가벼우며(1g 이하) 가격이 굉장히 저렴하다. 성능 또한 드론을 제어하는 데 크게 부족하지는 않은데, 앞으로 실습하게 될 MPU-6050 센서의 경우 내장 가속도 센서는 최대 1초당 약 1,000번(1,000Hz = 1kHz)의 갱신 주파수를 가지며 자이로스코프 센서는 1초당 8,000번(8kHz)의 갱신 주파수를 가진다.

MPU-6050 센서의 성능은 다음과 같다.

제조사	InvenSense
모델명	MPU-6050
크기	QFN24(4mm × 4mm × 0.9mm)
무게	1g 이하
내장 센서	• 3축 가속도 센서 • 3축 자이로 센서 • 온도 센서
가속도 센서	• 16-bit ADC • ±2g, ±4g, ±8g, ±16g • 오차 3% 이내 • 갱신율 4Hz ~ 1,000Hz

자이로 센서	• 16-bit ADC • 250dps, 500dps, 1,000dps, 2,000dps • 오차 3% 이내 • 갱신율 4Hz ~ 8,000Hz
전기적 특성	• 동작 전압 3.3V • 소모 전류 3.9mA • 동작 온도 −40℃ ~ 80℃
통신 방식	I2C, SPI

⟫ MPU-6050 센서 사용하기

MPU-6050 센서를 사용하기 위해서는 우선 I2C 통신을 이용해야 한다. I2C 통신은 Two Wire Interface(TWI)라고도 불리며 미국의 필립스(Philips) 사가 개발한 유선 직렬 통신 프로토콜이다. I2C 통신은 최대 127개의 장치와 통신할 수 있고 최대 2Mbps 정도의 통신 속도를 가진다. 아두이노는 I2C(TWI) 통신을 쉽게 사용할 수 있도록 라이브러리를 기본적으로 제공하고 있다. I2C 통신을 사용하기 위한 라이브러리는 Wire.h를 인클루드하여 사용해야 한다.

Wire.h 라이브러리가 제공하는 함수의 목록과 기능은 다음과 같다.

함수명	기능
Wire.begin();	I2C 통신을 사용하기 위해 초기화한다.
Wire.requestFrom(장치 주소, 데이터 크기);	I2C 장치로부터 읽어 들일 데이터를 요청하는 신호를 보낸다.
Wire.beginTransmission(주소);	I2C 장치와 통신을 시작한다(Start Bit 전송).
Wire.endTransmission(참/거짓);	I2C 장치와 통신을 끝낸다(End Bit 전송).
Wire.write(데이터);	I2C 장치로 데이터를 보낸다.
Wire.available();	I2C 장치로부터 읽어 들일 수 있는 데이터의 크기를 반환한다.
Wire.read();	I2C 통신으로 전송된 데이터를 수신하여 반환한다.

아두이노에서 I2C 통신을 사용하기 위해서는 반드시 프로그램의 상단에 Wire.h 파일을 인클루드해야 한다. 또한 사용하기 전에 반드시 Wire.begin(); 함수를 실행하여 초기화해야 한다. I2C 통신을 이용하여 데이터를 읽거나 쓰는 것은 빈번히 이루어지므로 함수 형태로 만들어 사용하는 것이 좋다.

다음은 I2C 통신을 이용하여 데이터를 쓰는 함수이다.

```
void I2Cwrite(int ADDR, int reg_addr, int data){
    Wire.beginTransmission(ADDR); // 전송할 I2C 장치의 주소를 알린다.
    Wire.write(reg_addr); // 데이터를 저장할 I2C 장치 내부의 레지스터 주소를 보낸다.
    Wire.write(data); // 지정한 레지스터로 데이터를 전송한다.
    Wire.endTransmission(true); // I2C 통신을 종료한다.
}
```

다음은 I2C 통신을 이용하여 데이터를 읽어 들이는 함수이다.

```
void I2Cread(int ADDR, int reg_addr, int data_length){
    Wire.beginTransmission(ADDR); // 전송할 I2C 장치의 주소를 알린다.
    Wire.write(reg_addr); // I2C 장치로 내부의 데이터를 불러올 레지스터 주소를 보낸다.
    Wire.endTransmission(false); // 데이터 통신을 유지시킨다.
    Wire.requestFrom(ADDR, data_length); // 장치로부터 원하는 크기의 데이터를 받는다.
    int get_data = Wire.read(); // 데이터를 1바이트 수신하여 get_data에 저장한다.
    ……          // data_length의 개수에 따라 Wire.read() 함수를 반복한다.
    Wire.endTransmission(TRUE); // I2C 통신을 종료한다.
}
```

보통 I2C 통신을 지원하는 센서는 센서 고유의 주소를 가지고 있으며 고유 주소의 중복을 방지하기 위하여 두 개 이상의 주소를 제공한다. 이 주소는 하드웨어적으로 설정할 수 있으며 소프트웨어적으로는 설정하기 까다롭다. 우리가 예제에서 다룰 MPU-6050 센서의 경우 고유 주소로 0x68 혹은 0x69를 가지고 있다. 따라서 변수 ADDR은 이 센서의 주소인 0x68이나 0x69로 지정해야 한다. 또한 각각의 센서 내부에는 작동 환경을 설정하고 측정한 데이터를 임시 저장하는 레지스터가 존재하며, 레지스터는 센서 내부에 주소 형태로 제공된다. 따라서 만약 MPU-6050 센서의 레지스터 중 0x3F라는 주소의 값을 읽어 들일 때에는 reg_addr 값이 0x3F로 지정되어야 한다. 센서의 레지스터 주소는 제조사에서 데이터시트(Datasheet) 형태로 제공하고 있으며, 센서마다 레지스터 이름과 주소가 다르므로 사용 전 반드시 데이터시트와 레지스터 맵(Register Map)을 확인해야 한다.

다음은 MPU-6050 센서를 이용하기 위한 예제 프로그램이다.

예제 #1. MPU-6050 센서를 사용하여 IMU 데이터 받아오기

```
#include <Wire.h>

#define ADDR 0x68
#define CONFIG 0x1A
#define GYRO_CONFIG 0x1B
```

```
#define ACCEL_CONFIG 0x1C
#define ACCEL_XOUT_H 0x3B
#define PWR_MGMT_1 0x6B

int16_t ACCEL[3] = {0}, GYRO[3] = {0}, TEMP = 0, i = 0;

void I2Cwrite(int8_t reg_addr, int8_t data){
  Wire.beginTransmission(ADDR);
  Wire.write(reg_addr);
  Wire.write(data);
  Wire.endTransmission(true);
}

void I2Cread(int8_t reg_addr, int8_t data_length){
  Wire.beginTransmission(ADDR);
  Wire.write(reg_addr);
  Wire.endTransmission(false);

  Wire.requestFrom(ADDR, data_length);
  for(i=0;i<3;i++){
      ACCEL[i] = Wire.read() << 8 | Wire.read();
  }
 TEMP = Wire.read() << 8 | Wire.read();
 for(i=0;i<3;i++){
   GYRO[i] = Wire.read() << 8 | Wire.read();
 }
}

void setup(){
 Wire.begin();
 Serial.begin(9600);
 Serial.println("MPU-6050 Sensor Test");
 I2Cwrite(CONFIG, 0);
 I2Cwrite(GYRO_CONFIG, 0);
 I2Cwrite(ACCEL_CONFIG, 0);
 I2Cwrite(PWR_MGMT_1, 0);
}

void loop(){
  I2Cread(ACCEL_XOUT_H, 14);
```

```
  for(i=0;i<3;i++){
    Serial.print(ACCEL[i]);Serial.print("\t");
  }
Serial.print(TEMP);Serial.print("\t");
for(i=0;i<3;i++){
    Serial.print(GYRO[i]);Serial.print("\t");
}
Serial.println();
}
```

위의 예제 코드를 실행하면 MPU-6050 센서에 포함되어 있는 3축 가속도 센서의 센서값 (X, Y, Z)과 온도 센서값, 3축 자이로 센서의 값(X, Y, Z)이 출력된다. 위의 코드에서 주목해야 할 것은 setup() 함수 안에 있는 I2Cwrite 함수를 이용한 부분인데 이 레지스터는 센서의 환경설정을 하는 센서로서 초기값(Default)은 0으로 설정되어 있다. 또 값을 받아오는 함수인 I2Cread 함수에서 주목해야 할 것은 Wire.read() 《 8 | Wire.read(); 부분인데 비트 연산자를 이용하여 값을 이동시킨 후 OR 연산을 이용하여 두 값을 합쳤다. 이는 센서의 정밀도가 16-bit라서 생기는 문제인데, 각각의 레지스터의 저장 단위는 1바이트이며 이는 8개의 비트를 저장할 수 있다. 따라서 16bit ADC는 총 2바이트의 레지스터를 필요로 하며 1개의 레지스터는 상위 8개 비트와 하위 8개 비트로 나누어 저장된다. 왜냐하면 1개의 바이트가 저장할 수 있는 총 크기는 −126에서 128까지이며(부호가 없으면 0 ~ 255) 만약 2개의 바이트를 사용할 경우 16bit 값이 되며 최대 2^{16}개의 값을 저장할 수 있어 16비트 ADC가 만들어낸 2바이트 데이터를 저장할 수 있기 때문이다.

예를 들면 센서가 1800이라는 측정값을 출력한다면 128을 초과하므로 1개의 바이트로는 저장할 수 없어 128 이상의 값을 읽어 들일 수 없다. 이때 1800이라는 정수형 숫자를 2진수로 바꾸어 상위 8비트와 하위 8비트로 저장하게 되면 다음과 같은 결괏값을 얻을 수 있다.

$1800_{(10)}$ =$0000/0111/0000/1000_{(2)}$

구분	Bit7	Bit6	Bit5	Bit4	Bit3	Bit2	Bit1	Bit0
상위 레지스터	0	0	0	0	0	1	1	1
하위 레지스터	0	0	0	0	1	0	0	0

위의 예제처럼 MPU-6050 센서에서는 측정한 값을 2개의 레지스터에 나누어서 저장하며, 각각 HIGH 레지스터와 LOW 레지스터로 명명한다. 예를 들어 가속도 센서의 X축의 값을 저장하는 레지스터의 이름은 ACCEL_XOUT_H와 ACCEL_XOUT_L로 나뉘어 있다. 따라서 값을 읽어 들일 때 상위 레지스터와 하위 레지스터를 각각 읽은 후 하나의 데이터로 결합해야 한다.

레지스터에 다음과 같이 데이터가 저장되어 있다고 가정하자.

구분	Bit7	Bit6	Bit5	Bit4	Bit3	Bit2	Bit1	Bit0
상위 레지스터	0	0	0	0	1	1	0	1
하위 레지스터	0	1	1	0	1	0	1	0

각각의 레지스터를 Wire.read() 함수를 통하여 읽어 들이면 다음과 같은 값을 읽어 들인다.

상위 레지스터 : $00001101_{(2)}$
하위 레지스터 : $01101010_{(2)}$

따라서 두 가지 값을 결합하였을 때는 다음과 같은 데이터가 되어야 한다.

$0000/1101/0110/1010_{(2)}$

따라서 먼저 상위 레지스터를 비트 이동 연산자를 통하여 8비트 왼쪽으로 이동시키면 다음과 같다.

Wire.read() 《 8
이동 전 : $00001101_{(2)}$
이동 후 : $0000110100000000_{(2)}$

비트가 이동하고 비는 자리는 자동으로 0이라는 값으로 채워진다. 이렇게 이동한 값에서 읽어 들인 하위 비트의 값과 OR 연산을 수행하면 다음과 같다.

Wire.read() ≪ 8 | Wire.read();

Bit	15	14	13	12	11	10	9	8	7	6	5	4	3	2	1	0
상위	0	0	0	0	1	1	0	1	0	0	0	0	0	0	0	0
하위	0	0	0	0	0	0	0	0	0	1	1	0	1	0	1	0
결과	0	0	0	0	1	1	0	1	0	1	1	0	1	0	1	0

$$0000110101101010_{(2)} = 3{,}434_{(10)}$$

즉, 3,434라는 10진수 값을 얻게 된다.

위의 예제를 실행하였을 때, 결괏값으로 정체를 알 수 없는 숫자를 얻게 된다. 이는 센서의 민감도로 인해 생기는 현상으로, 위의 예제와 같이 센서의 환경설정을 수행하였다면 가속도 센서의 값이 16384일 때 1g와 같다.

만약 위의 예제와 같이 3,434값이 측정되었다면 1g는 16384와 같으므로 다음과 같이 가속도의 크기를 구할 수 있다.

$$1g : 16384 = x : 3434$$
$$16384x = 3434$$
$$x = \frac{3434}{16384} = 0.2096 \approx 0.21g$$

자이로 센서도 마찬가지로, $1\deg/s = 131$ 이므로 8,216이라는 값이 측정되었다면 각속도로 환산하였을 때 다음과 같다.

$$1dps : 131 = x : 8216 \left(dps = \deg/s \right)$$
$$131x = 8216dps$$
$$x = \frac{8216}{131}dps = 62.72dps$$

위의 계산을 응용하여 예제를 실행하여 구한 가속도 값과 자이로 센서값을 실제 중력 단위(g)와 초당 회전각(Degree Per Second, dps)으로 바꾸는 예제는 다음과 같다.

예제 #2. MPU-6050 센서의 IMU 데이터를 중력 단위와 각속도 단위로 환산하기

```
#include <Wire.h>

#define ADDR 0x68
#define CONFIG 0x1A
#define GYRO_CONFIG 0x1B
#define ACCEL_CONFIG 0x1C
#define ACCEL_XOUT_H 0x3B
#define PWR_MGMT_1 0x6B

float ACCEL[3] = {0}, GYRO[3] = {0}, TEMP = 0;
int8_t i = 0;

void I2Cwrite(int8_t reg_addr, int8_t data){
   Wire.beginTransmission(ADDR);
   Wire.write(reg_addr);
   Wire.write(data);
   Wire.endTransmission(true);
}

void I2Cread(int8_t reg_addr, int8_t data_length){
   Wire.beginTransmission(ADDR);
   Wire.write(reg_addr);
   Wire.endTransmission(false);
   Wire.requestFrom(ADDR, data_length);
  for(i=0;i<3;i++)
     ACCEL[i] = (Wire.read() << 8 | Wire.read())/16384.0;
 }
 TEMP = Wire.read() << 8 | Wire.read();
 for(i=0;i<3;i++)
    GYRO[i] = (Wire.read() << 8 | Wire.read())/131.0;
 }
}

void setup(){
 Wire.begin();
 Serial.begin(9600);
 Serial.println("MPU-6050 Sensor Test");
```

```
  I2Cwrite(CONFIG, 0);
  I2Cwrite(GYRO_CONFIG, 0);
  I2Cwrite(ACCEL_CONFIG, 0);
  I2Cwrite(PWR_MGMT_1, 0);
}

void loop(){
  I2Cread(ACCEL_XOUT_H, 14);
  for(i=0;i<3;i++){
    Serial.print(ACCEL[i]);Serial.print("\t");
  }
  Serial.print(TEMP);Serial.print("\t");
  for(i=0;i<3;i++){
    Serial.print(GYRO[i]);Serial.print("\t");
  }
  Serial.println();
}
```

이전 예제와 달리 ACCEL 변수와 GYRO 변수가 int형이 아닌 float형으로 바뀌었으며, 측정한 센서값에 기준 단위(16384와 131)를 나누어 결괏값을 출력한다. 만약 가속도 센서와 자이로 센서의 측정값의 범위를 다르게 설정하면 기준 단위도 달라지게 된다.

자세한 내용은 MPU-6050 센서의 데이터 시트를 참고해야 하며, 측정 범위별 기준값은 다음 표를 참조해야 한다.

가속도 센서		자이로 센서	
측정 범위	기준 단위(LSB)	측정 범위	기준 단위(LSB)
±2g	16384.0	250DPS	131.0
±4g	8192.0	500DPS	65.5
±8g	4096.0	1000DPS	32.8
±16g	2048.0	2000DPS	16.4

Part 3

자세 추정과
자동 제어

자동 제어(Automatic Control)란 사람의 개입 없이 자동적으로 작업 규칙에 따라 특정 목적이나 업무를 달성하기 위한 일련의 과정을 말한다. 자동 제어는 현대 산업의 뿌리와 같은 역할을 하고 있으며 자동문에서부터 자동차, 항공기를 비롯하여 화성 탐사선에 이르기까지 매우 광범위한 산업 분야에서 사용된다. 이를 다루는 학문인 제어공학에서는 자동 제어를 "기계를 비롯한 특성 계(System)에서 그 작동이나 상태를 필요에 따라서 조절하는 것"으로 정의한다. 이를 실현시킨 간단한 예가 바로 자동 온도 조절 장치이다. 자동 온도 조절 장치에는 보일러와 에어컨디셔너(Air Conditioner, 에어컨) 등이 있다. 보일러와 에어컨 모두 현재 방 안의 온도를 측정하고 히터를 가동하거나 냉각된 공기를 공급하여 목표로 하는 온도를 자동적으로 맞춘다.

자동 제어를 알기 위해서는 제어(Control)와 제어량(Control Variable), 제어계(Control System)에 대해서 이해해야 한다. 제어란 말 그대로 '어떤 목적을 달성하기 위한 대상에 인위적인 조작을 가하는 것'을 말하며 온도 조절기를 예로 들 경우 온도를 조절하는 행위를 말한다. 제어량은 제어하고자 하는 물리량으로, 온도 조절기에서는 온도(Temperature)가 제어량이 된다. 제어계는 자동 제어 시스템이 도입된 전체 체계를 말하는 것으로, 온도 조절기 그 자체를 제어계라고 볼 수 있다.

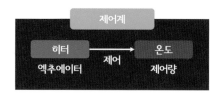

또한 제어를 하기 위해서는 현재 상태나 목표를 지정해야 하며 이를 입력(Input)이라고 한다. 반대로 제어계에 의해 제어된 결괏값은 출력(Output)이라고 한다. 제어계에 있어서 출력은 중요한데, 출력이 제어계에 미치는 영향의 유무에 따라 크게 두 가지로 구분된다. 제어의 결과인 출력이 다음 제어 행위에 영향을 미치지 않는 개루프 제어(Open-loop Control) 시스템과 출력이 다음 제어 행위에 영향을 미치는 페루프 제어(Close-loop Control)가 있다.

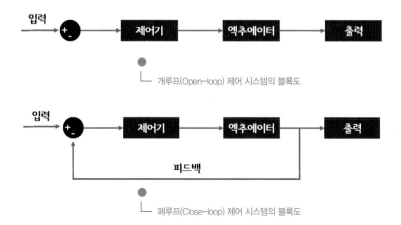

개루프(Open-loop) 제어 시스템의 블록도

폐루프(Close-loop) 제어 시스템의 블록도

개루프 제어와 폐루프 제어 시스템은 각각의 장단점이 있다. 따라서 제어하고자 하는 대상의 제어 변수와 목표를 고려하여 적절한 제어 시스템을 선택해야 한다. 만일 개루프 제어 시스템으로도 충분한 제어계에 보다 복잡한 폐루프 제어 시스템을 사용할 경우 불필요한 개발 시간과 자금, 자원을 낭비하게 되며 폐루프 제어를 써야 할 시스템에 개루프 제어를 쓰게 될 경우 목표로 하는 제어 성능을 달성할 수 없게 된다.

개루프 제어와 폐루프 제어의 장단점은 다음과 같다.

개루프 제어	• 시스템의 구조가 단순하여 구현하는 데 시간과 비용이 적게 소요된다. • 시스템이 수학적으로 명확히 모델링되지 않으면 오차가 크게 발생한다. • 오차가 발생하더라도 보완할 수 없는 구조이다.
폐루프 제어	• 제어의 결괏값과 목푯값을 비교하여 오차를 최소화할 수 있다. • 오차를 최소화할 수 있으므로 정확하고 신뢰성이 뛰어나다. • 구현할 때 비교적 많은 비용과 시간을 소모한다.

개루프 제어의 경우 오차의 발생 가능성이 높고 신뢰성이 낮아 많이 사용되지는 않는다. 하지만 제어하고자 하는 대상의 명확한 수학적 모델이 존재하고, 주위 환경의 영향을 적게 받는 경우 개루프 제어를 사용하는 경우도 있다. 반면에 폐루프 제어는 대부분의 산업 자동 제어 시스템에서 사용하고 있는 제어 방법으로, 신뢰성이 뛰어나고 제어 성능이 뛰어나다. 최근에는 반도체와 전자 공학의 급속한 발달로 인해 폐루프 제어 시스템의 구현 비용이 크게 낮아졌으며

MCU와 센서의 발달로 적은 비용으로 뛰어난 제어 성능을 얻을 수 있게 되면서 간단한 제어 시스템조차 폐루프 제어 시스템을 사용하고 있다.

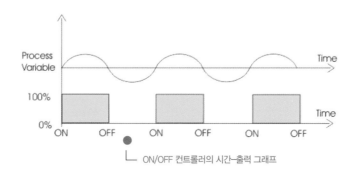

ON/OFF 컨트롤러의 시간-출력 그래프

이러한 폐루프 제어 시스템도 여러 가지 종류가 있다. 가장 기초적인 제어 시스템은 ON/OFF 제어가 있다. ON/OFF 제어는 말 그대로 제어량이 목푯값에 도달할 때까지 시스템을 ON 하거나 OFF 하여 제어하며 구조가 극히 간단하여 구현이 쉬우나 오차가 크게 발생하고 정밀도가 낮다는 단점이 있다. 이를 보완하기 위한 대표적인 폐루프 제어 시스템은 비례-적분-미분 제어 시스템으로 PID 제어기라고도 불린다. PID 제어기는 비례(Proportion) 동작, 적분(Integral) 동작, 미분(Derivative) 동작을 결합하여 제어하는 시스템으로, 비례 동작을 제외한 각각의 동작은 단독으로 사용할 수 없다. PID 제어기는 대표적인 고전 제어 이론(Classical Control Theorem)으로 간단한 구조를 가지고 있어 구현이 쉽고 비교적 뛰어난 신뢰성을 가지고 있어 대부분의 산업 제어 시스템에서 사용하고 있다. 하지만 비선형(Non-linear) 제어계에서는 제어 성능이 떨어지는 단점을 가지고 있다. 시스템의 수학적 모델을 정확히 알고 있고 또 정밀하게 제어해야 할 경우에 적합한 것은 최적 제어기 혹은 LQR(Linear Quadratic Regulator)이라고 불리는 제어기가 있다. 이외에도 특정한 규칙과 확률에 따라서 제어를 수행하는 퍼지 제어기 등이 있으며 제어하고자 하는 대상에 따라 적절한 제어기를 설계하여 적용하면 된다.

이외에도 제어 공학은 하나의 학문으로 정의될 만큼 방대한 내용을 담고 있다. 작게는 디지털 제어, 아날로그에 관한 내용에서부터 Root-locus 방법 등과 같은 제어기의 성능을 추정하는 기법, 한계 감도법과 같은 튜닝 기법 등과 같이 폭넓은 범위를 다루어야 한다. 따라서 제어 공학에 관한 추가적인 내용은 제어 공학에 관한 전문 교과서를 읽고 공부하는 것을 추천한다.

자동 제어기와 드론에 적용되는 자세 제어 시스템을 이해하기 위해서는 이를 설명하기 위한 몇 가지 개념의 도입이 필요하다. 자동 제어기의 성능을 결정하는 요소는 크게 상승 시간(Rise Time, t_r), 오버슈트(Overshoot, M_p), 정착 시간(Settling Time, t_s), 정상상태오차(Steady-State Error)가 있다.

≫ 자동 제어기의 기본 개념

- 설정값(Set Point, SP) : 설정값은 목표로 하는 값이며 시스템이 최종적으로 도달하는 값이다. 드론에 있어서 설정값은 사용자가 원하는 각도 값이며, 만일 각도 값의 입력이 없다면 수평을 유지하는 각도(롤각 0도, 피치각 0도)이다.
- 공정 변수(Process Value) : 공정 변수는 제어를 거친 시스템이 내어 놓는 결괏값으로 주로 설정값과 비교하여 오차(Error)값을 계산하는 데 사용된다. 드론의 자세를 제어할 때에는 비행 성능을 결정할 수 있는 핵심 요소인 자세값(Roll, Pitch, Yaw)을 대입해야 한다.
- 오차(Error) : 설정값과 공정 변수의 차이 값으로 제어량을 결정하는 데 사용된다. 오차는 말 그대로 차이가 나는 정도이며 드론에 있어서는 원하는 자세값과 드론이 측정하고 있는 자세값의 차이라고 할 수 있다. 이를 수식으로 나타내면 다음과 같다.

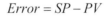

$$Error = SP - PV$$

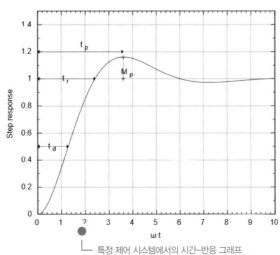

특정 제어 시스템에서의 시간-반응 그래프

- 상승 시간(Rise Time, t_r) : 시스템의 공정 변수가 최초로 설정값에 도달하는 데 걸리는 시간으로, 얼마나 빠른 속도로 시스템이 반응하는지를 나타내는 요소이다. 즉, 공정 변수가 0이고 시스템 변수가 10일 때, 처음으로 10까지 도달하는 데 걸리는 시간을 말한다.

- 오버슈트(Overshoot, M_p) : 오버슈트는 공정 변수가 설정값을 초과하였을 때 설정값과 공정 변수의 최대 차이 값으로 정의된다. 만약 초기 공정 변수가 0V이고 설정값을 5V로 하였을 때 공정 변수가 물리적인 한계로 인해 5V를 넘어 5.2V가 측정되었을 때, 0.2V 차이를 오버슈트라고 한다. 시스템의 공정 변수가 감소하는 경우에는 설정값을 초과하였을 때 언더슈트(Undershoot)라고 부른다. 지나친 오버슈트는 전자 회로와 같은 시스템을 파괴할 수 있으므로 가능한 한 적어야 한다. 예를 들면 목표 전압이 5V이고 최대 허용 전압이 5.5V인 시스템에서, 오버슈트로 인해 순간 전압값이 5.5V보다 높아지면 결국 그 시스템은 과전류로 인해 파손될 수 있다.

- 피크 시간(Peak Time, t_r) : 시스템의 공정 변수가 최댓값에 도달하는 데 걸리는 시간이다. 즉 오버슈트가 생길 때까지 걸리는 소요 시간이다.

- 정착 시간(Settling Time, t_s) : 공정 변수와 설정값의 최대 차이가 5% 혹은 2% 이내로 들어올 때까지 걸리는 소요 시간이다. 정착 시간이 짧을수록 빠른 시간 내에 제어가 이루어진다고 할 수 있으며 고성능 제어기가 된다.

- 정상상태오차(Steady-State Error) : 원하는 목푯값과 시스템의 최종 출력 값의 차이로, 목푯값과 시스템의 실제 출력 값의 차이가 더 이상 작아지지 않을 때의 값의 차이이다. 즉, 최소 상태의 오차라고 할 수 있다. 정상상태오차가 적을수록 더 정밀하게 제어가 가능한 제어기라고 할 수 있다.

드론을 비롯한 무인 항공기, 무인 자동차 등에 자동 제어는 필수불가결한 기술이다. 뿐만 아니라 로봇, 미사일 등과 같은 첨단 기기들도 자동 제어 기술이 어김없이 적용되어 있다. 드론은 ARS/AHRS로부터 측정한 자세값을 참조하여 원하는 자세를 유지하기 위해 끊임없이 모터를 제어한다. 따라서 드론에 있어서 ARS/AHRS와 함께 반드시 적용되어야만 하는 기술이며 드론의 비행 성능을 결정하는 핵심 요소이다. 드론의 비행 제어에 적용되는 자동 제어기는 크게 자세 제어 시스템과 유도 항법 제어 시스템으로 나눌 수 있다. 자세 제어 시스템(Attitude

Control System)은 글자 그대로 드론의 자세를 제어하는 자동 제어 시스템이며 가장 기본적이고 필수적인 제어기이다. 반면에 유도 항법 제어 시스템(Guidance & Navigation Control System)은 기체의 비행경로를 제어하고 장애물을 회피하기 위한 제어 시스템을 말한다. 여기서 유도(Guidance)와 항법(Navigation)의 차이점을 알아야 하는데, 유도는 말 그대로 현재의 지점에서 원하는 지점까지 도달하기 위한 경로를 생성하는 것을 말하며 항법은 현재의 위치와 목표 지점에 대한 정보를 파악하는 것을 말한다.

유도(Guidance)	현재의 지점에서 목표 지점까지의 경로 등을 만드는 것
항법(Navigation)	현재의 위치, 속도와 같은 비행체의 비행 데이터와 목표 지점까지의 거리, 방위 등을 측정하는 것

자세 제어 시스템은 드론의 비행에 있어 없어서는 안 될 제어기이다. 자세 제어 시스템의 주 역할은 현재의 자세값과 목표 자세값을 비교하여 모터를 제어하기 위한 제어량을 계산하는 것이다. 만약 자세 제어 시스템이 고장 나거나 오작동을 일으키면 비행체는 원하는 자세를 유지할 수 없으므로 추락하거나 엉뚱한 방향으로 비행할 수 있다. 반면에 유도 항법 제어 시스템이 없더라도 비행체의 비행 성능에는 큰 영향이 없으며 대신 자동 항법 시스템(Autopilot) 등과 같은 장비를 구현할 수 없다. 대개 유도 항법 제어 시스템은 특정 지점에 다다르기 위하여 필요한 방위각과 거리, 속도 등을 이용하여 드론이 비행할 자세값을 계산하고 자세 제어 시스템은 이를 반영하여 드론의 자세를 변화시켜 목표 지점으로 비행한다.

└─ 드론의 유도 항법 제어 시스템의 예시(지상 제어 시스템, GCS)

》》 드론의 자세 제어 원리

드론의 자세를 제어하기 위해서는 우선 현재의 자세를 알아야 한다. 현재의 자세를 파악하기 위해서는 앞서 언급하였던 ARS/AHRS 장비가 필요하며 이 장비로부터 현재의 피치각(Pitch Angle), 롤각(Roll Angle), 요 각(Yaw Angle)을 구할 수 있다. 이 세 개의 각도는 3차원 공간 에서의 드론의 자세를 나타내는 중요한 변수이며 정밀하게 구할수록 더 세밀한 자세 제어가 가 능하다. 이렇게 구한 자세값은 원하는 자세값과 비교하여 그 차이를 계산하고, 이 차이 값을 자 동 제어기에 입력 변수로 활용하여 필요한 모터 제어량을 계산한 후 적절한 변환을 통해 모터를 제어한다. 한 번의 제어가 이루어지면 각도가 변하게 되며 변한 각도를 다시 측정하여 처음의 원하는 자세값과 다시 비교하여 제어량을 산출한다.

즉, 다음과 같이 자세 제어기가 구현된다.

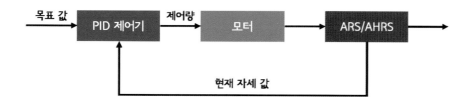

드론은 3차원 공간을 날아다니는 비행체이므로 위의 자세 제어 시스템을 각각 피치(Pitch), 롤(Roll), 요(Yaw)에 대하여 구현해야 하므로 자세 제어기는 총 3개가 존재하게 된다. 위의 제어 시스템은 대표적인 되먹임 제어기(Feedback Controller)의 일종으로, 오차를 최소화할 수 있는 폐루프 제어기의 일종이다. 여기서 PID 제어기는 자세 제어에 있어 중추적인 역할을 하는데, PID 제어기가 적절하게 설정되지 못하였을 경우에는 기체가 심하게 떨리거나 최악의 경우 원하는 자세를 유지하지 못하고 결국엔 추락하게 된다. 따라서 PID 제어기의 성능은 드론의 비행 성능을 좌지우지하는 가장 큰 요소이며 대부분의 드론 제조사들은 PID 제어기에 대한 내용을 비밀로 하고 있다. 드론 제조사 이외에도 드론 레이싱 선수들은 비행체의 성능에 따라 순위가 달라지므로 자신의 기체에 맞는 고유의 PID 제어기 세팅 값을 구한 후 이를 극비로 취급하기도 한다.

드론의 고도 제어 원리

고도 제어(Altitude Control)는 드론의 안정된 비행을 구현하기 위한 또 다른 제어기로서 유도 항법 제어 시스템에 속한다. 고도를 제어하기 위해서는 우선 정확한 고도를 측정할 필요가 있다. 고도를 측정하기 위해서는 초음파 센서와 기압 센서를 주로 사용하며 보통 두 가지 센서를 동시에 이용한다. 또한 고도의 변화량을 탐지하기 위해서 가속도 센서를 이용하기도 한다. 초음파 센서는 초음파가 물체에 도달하였을 때 반사되어 되돌아오는 현상을 이용하여 거리를 측정하는 것으로 주로 어선에서 물고기의 위치를 파악할 수 있는 어군 탐지기나 바닷속의 잠수함을 탐지하는 소나(SONAR)에 이용된다. 보통 물속에서의 소리의 속도(음속)는 대략 1,500m/s이며, 공기 중에서의 소리의 속도는 약 340m/s이다. 초음파 센서를 이용하여 고도나 깊이를 측정하기 위해서는 초음파를 내부낸 후 반사파가 되돌아오는 시간을 측정하여 서리를 역산한다.

만약 공기 중에서 초음파를 발사하여 약 0.02초 뒤에 반사파를 수신하였다면 다음과 같은 식을 이용하여 거리를 측정할 수 있다.

초음파의 총 이동 거리 : $s = 340m/s \times 0.02s = 6.8m$

초음파는 드론과 지표면을 왕복하였으므로, $Altitude = \dfrac{s}{2} = \dfrac{6.8}{2} = 3.4m$

즉, 드론은 지상에서 약 3.4m 높이에 위치해 있다.

초음파 센서는 지표면과의 거리를 비교적 정밀하게 측정할 수 있으므로 자동 착륙 시스템에도 널리 이용되고 있다.

반면 기압 센서(Barometer)를 이용하여 고도를 제어하기 위해서는 다소 복잡한 과정을 거쳐야 한다. 기압 센서는 대기압을 측정할 수 있는 센서인데 보통 헥토파스칼(hPa) 혹은 바(Bar) 등과 같은 단위를 쓴다. 1Bar는 100,000Pa(파스칼)과 같으며 100,000Pa는 1,000hPa(헥토파스칼)과 같다. 지구의 대기는 질량을 가지고 있는 기체의 집합이므로 지구의 중력에 영향을 받아 지표면에 가까울수록 더 많은 양의 공기가 있다. 따라서 지표면에 가까울수록 대기압은 높아지며 반대로 지표면에서 멀어질수록 대기압은 떨어지게 된다. 고도에 따른 대기압은 보통 일정한 규칙에 따라 변화하는 것으로 알려져 있으며 국제 민간 항공 기구(International Civil Aviation Organization, ICAO)에서 정한 표준 대기 조건(International Standard Atmosphere, ISA)일 때, 미국의 국립해양대기청(National Oceanic Atmosphere Administration, NOAA)은 다음과 같은 공식을 정의하였다.

대기압이 밀리바(milibar) 단위로 측정되었을 때, 고도는 다음과 같은 관계식을 가진다.

$$Altitude(ft) = (1 - \left(\frac{millibar}{1013.25}\right)^{0.190284})*145366.45$$

만약 기압 센서가 1022hPa의 측정 결과를 출력하였다면 1022hPa은 1022mBar와 같으므로 고도는 다음과 같다.

$$Altitude = (1 - \left(\frac{1022}{1013.25}\right)^{0.190284}) * 145366.45 = -238\,ft$$

$$1\,ft = 0.3048m \text{ 이므로}$$

$$-238\,ft = -72.6m$$

즉 고도는 −72.6m이다. 고도가 마이너스가 나오는 것이 이상할 수 있는데, 이는 해수면 기압(Sea Level Pressure, SLP)으로 보정을 하지 않았을 경우에 발생하는 현상이다. 고도를 제어함에 있어 마이너스 값은 크게 상관이 없는데 그 이유는 고도를 제어하기 위해서는 고도의 변화량과 시간에 따른 변화량만을 필요로 하기 때문이다. 따라서 절대적인 고도값은 중요하지 않으며, 상대적인 변화량만 제어에 이용한다.

고도를 제어하기 위해서는 고도의 변화량과 시간에 따른 고도의 변화량을 적용하여 모터의 총 출력(스로틀, Throttle)을 제어하게 된다. 이를 그림으로 나타내면 다음과 같다.

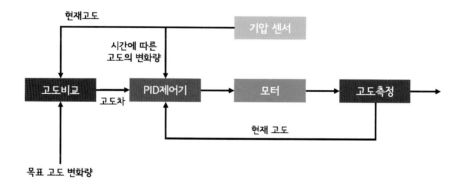

드론의 자세 추정

드론에는 안정된 비행 성능을 구현하기 위해 다양한 센서가 탑재되어 있다. 그중에서도 자세를 측정하는 센서는 가장 기본이 되는 센서이며 가장 중요한 센서이기도 하다. 하지만 자세를 측정하는 센서가 있다고 하더라도 적절한 처리를 거치지 않으면 정확한 자세값이 출력되지 않는다. 드론에 널리 이용되고 있는 MEMS 센서는 가격이 저렴하고 크기가 작으며 무게가 가벼운 대신 정밀도가 극히 떨어지기 때문이다. 따라서 이를 이용하여 정확한 자세를 얻기 위해서는 소프트웨어를 이용하여 다양한 신호 처리를 수행해야 한다.

모션 센서를 이용하여 자세를 추정하기 위해서는 우선 가속도 센서와 자이로 센서에 대한 보다 깊은 이해가 필요하다. 또한 좌표계(Coordinate System)에 대한 지식도 필요하다. 가속도 센서는 앞서 얘기하였던 바와 같이 센서에 작용하는 가속도, 즉 작용하는 힘을 측정하는 센서이며 만약 평평한 곳에 센서가 놓여 있고 외부의 힘이 작용하지 않는다면 센서는 항상 지구 중력을 측정하게 된다. 따라서 만약 센서가 X, Y, Z축에 작용하는 가속도를 측정할 수 있는 3축 센서일 경우 지구 중력은 Z축 방향을 따르게 된다.

따라서 평평한 곳에 놓여 있는 센서는 다음과 같은 값을 출력하게 될 것이다.

$$\langle X, Y, Z \rangle = \langle 0, 0, 1g \rangle$$

만약 센서가 기울어질 경우 X, Y축 값이 변화하게 될 것이다. 이때 주목해야 할 것은 가속도 센서는 드론에 부착되어 있다는 점이다. 따라서 지구 표면을 기준으로 측정한 가속도 값과 센서가 출력하는 가속도 값이 달라질 수 있다. 지구 표면에 있는 물체는 늘 지구 중력의 영향을 받으므로 센서가 어떤 방향으로 기울어지든 항상 Z축에서 1g의 중력 가속도 값이 출력될 것이다. 이렇게 지구 표면을 기준으로 하는 좌표계를 지구 고정 좌표계(Earth-fixed Frame)라고 한다. 하지만 센서는 드론에 부착되어 있으므로 드론이 기울어질 경우 X, Y, Z축의 값이 바뀌게 된다. 이렇게 기체에 부착되어 기체의 회전에 따라 기준 축이 이동하는 좌표계를 기체 좌표계(Body-fixed Frame)라고 한다. 지구 고정 좌표계와 기체 고정 좌표계는 서로 상호 변환될 수 있다. 즉 기체 고정 좌표계로 측정된 값을 지구 고정 좌표계를 기준으로 하는 좌표계로 표현할 수 있다. 이렇게 특정 좌표 체계에서 측정한 값을 다른 좌표 체계에서 나타내는 것을 좌표 변환 (Coordinate Transformation)이라고 한다. 따라서 가속도 센서를 이용하여 기체의 자세를 측정하기 위해서는 좌표 변환에 대한 내용을 이해해야 한다.

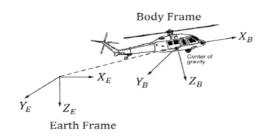

좌표를 변환하기 위한 방법으로는 크게 방향 코사인 행렬(Directional Cosine Matrix, DCM), 사원수(Quaternion), 오일러 회전(Euler Rotation)이 있으며, 좌표계를 회전시키는 방법에 따른 차이일 뿐 같은 결과를 도출한다. 3차원 좌표계에서 가장 널리 쓰이는 방식은 오일러 회전이다. 오일러 회전은 직관적으로 이해하기가 쉽고 적용이 간단하지만 짐벌락(Gimbal Lock)이라는 현상을 겪을 수 있다. 반면에 사원수를 이용할 경우 계산이 간단하여 연산 자원을 적게 소모하는 큰 장점이 있으나 직관적으로 이해하기가 힘들다. 방향 코사인을 이용한 좌표 변환은 직관적이고 이해하기가 쉽지만 연산 과정이 많아 연산 속도가 느리다는 단점이 있다.

좌표 변환과 무게 중심, 회전 행렬에 관한 자세한 내용은 동역학 교과서를 참고하기 바란다.

오일러 각과 가속도 센서

비록 짐벌락 현상으로 인해 오일러 각을 이용한 자세 추정은 위험하지만, 좌표를 변환하는 과정을 직관적으로 이해할 수 있어서 프로그램을 작성하는 데 수월하다. 오일러 회전의 기본 원리는 3개의 좌표축을 가지는 3차원 공간에서 각각의 축에 대해서 회전을 실시하여 좌표를 최종적으로 변환하는 것이다.

간단히 말하자면 다음 그림과 같다.

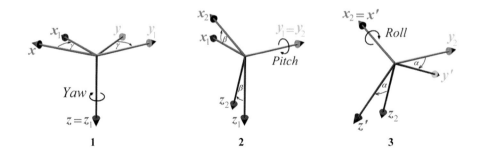

위의 그림을 보면 총 세 번의 회전을 실시하는 것을 알 수 있다. 각각의 축에 대해서 $<x, y, z>$의 값이 측정되었다고 가정하자. 첫 번째로 z축을 기준으로 γ 만큼 회전시켰을 경우 x축과 y축은 γ 만큼 회전하게 되고 회전의 결과로서 생긴 결괏값은 $<x_1, y_1, z_1>$가 된다. 두 번째로 z축을 기준으로 회전한 값을 다시 y축을 기준으로 하여 회전을 수행한다. y축을 기준으로 β 만큼 회전하였을 때 나온 결괏값은 $<x_2, y_2, z_2>$라고 하자. 마지막으로 남은 x축에 대하여 α 만큼 회전하면 최종 변환된 결괏값이 나오며, 이 값을 $<X, Y, Z>$라고 하자.

이때 $<x, y, z>$와 $<X, Y, Z>$의 관계는 다음과 같다.

$$
\begin{aligned}
[x \quad y \quad z] &= [X \quad Y \quad Z]R_z(\psi)R_y(\theta)R_x(\phi) \\
&= [X \quad Y \quad Z]
\begin{bmatrix}
\cos\psi & -\sin\psi & 0 \\
\sin\psi & \cos\psi & 0 \\
0 & 0 & 1
\end{bmatrix}
\begin{bmatrix}
\cos\theta & 0 & \sin\theta \\
0 & 1 & 0 \\
-\sin\theta & 0 & \cos\theta
\end{bmatrix}
\begin{bmatrix}
1 & 0 & 0 \\
0 & \cos\phi & -\sin\phi \\
0 & \sin\phi & \cos\phi
\end{bmatrix} \\
&= [X \quad Y \quad Z]
\begin{bmatrix}
\cos\theta\cos\psi & -\cos\phi\sin\psi + \sin\phi\sin\theta\cos\psi & \sin\phi\sin\psi + \cos\phi\sin\theta\cos\psi \\
\cos\theta\sin\psi & \cos\phi\cos\psi + \sin\phi\sin\theta\sin\psi & -\sin\phi\cos\psi + \cos\phi\sin\theta\sin\psi \\
-\sin\theta & \sin\phi\cos\theta & \cos\phi\cos\theta
\end{bmatrix}
\end{aligned}
$$

위의 식은 다소 복잡하다. 하지만 실제 위의 식을 적용한다면 중력의 정의로 인해 단순해진다. $<x, y, z>$가 기체에 부착된 가속도 센서가 측정한 값이라면 $<X, Y, Z>$는 중력값이 된다. 따라서 $<X, Y, Z> = <0, 0, 1>$이 되며, 행렬의 연산을 수행하고 적절한 계산에 의해 다음과 같은 공식을 도출할 수 있다.

$$Roll = \phi = atan(\frac{A_y}{\sqrt{A_x^2 - A_z^2}})$$

$$Pitch = \theta = a\tan(\frac{-A_x}{A_z})$$

위의 공식을 이용하면 쉽게 가속도 값으로부터 자세값을 얻을 수 있다. 여기서 A_x, A_y, A_z 는 가속도 센서에서 측정한 가속도 값이며, 정규화(Normalized)된 값이다. 여기서 정규화 (Normalization)란 측정한 가속도 벡터를 크기가 1인 단위 벡터(Unit Vector)로 바꾸어 주는 과정이며, 정규화를 반드시 수행해야만 올바른 자세값을 얻을 수 있다. 정규화는 다음과 같은 과정을 통하여 수행할 수 있다.

1. 놈(Norm)을 계산한다. 놈은 다음과 같은 공식으로 정의된다.

$$norm = \sqrt{A_x^2 + A_y^2 + A_z^2}$$

2. 측정된 각각의 값에 놈을 나누어 준다.

$$A_x' = \frac{A_x}{norm} = \frac{A_x}{\sqrt{A_x^2 + A_y^2 + A_z^2}}$$

$$A_y' = \frac{A_y}{norm} = \frac{A_y}{\sqrt{A_x^2 + A_y^2 + A_z^2}}$$

$$A_z' = \frac{A_z}{norm} = \frac{A_z}{\sqrt{A_x^2 + A_y^2 + A_z^2}}$$

정규화된 가속도 벡터를 위의 공식에 적용하여 자세값을 구할 수 있다.

다음 예제는 아두이노를 이용하여 가속도 센서로부터 각도 값을 구하는 코드이다.

예제 #1. 가속도 데이터로부터 각도 값 구하기

```
#include <Wire.h>

#define ADDR 0x68
#define CONFIG 0x1A
#define GYRO_CONFIG 0x1B
#define ACCEL_CONFIG 0x1C
#define ACCEL_XOUT_H 0x3B
#define PWR_MGMT_1 0x6B

#define RAD2DEG 180/PI;

float ACCEL[3] = {0}, GYRO[3] = {0}, TEMP = 0, N_ACCEL[3] = {0};
int8_t i = 0;

void I2Cwrite(int8_t reg_addr, int8_t data){
    Wire.beginTransmission(ADDR);
    Wire.write(reg_addr);
    Wire.write(data);
    Wire.endTransmission(true);
}

void I2Cread(int8_t reg_addr, int8_t data_length){
    Wire.beginTransmission(ADDR);
    Wire.write(reg_addr);
    Wire.endTransmission(false);
    Wire.requestFrom(ADDR, data_length);
    for(i=0;i<3;i++){
      ACCEL[i] = (Wire.read() << 8 | Wire.read());
    }
  TEMP = Wire.read() << 8 | Wire.read();
  for(i=0;i<3;i++){
      GYRO[i] = (Wire.read() << 8 | Wire.read())/131.0;
  }
}

void Normalize(){
    float norm = sqrt(ACCEL[0]*ACCEL[0] + ACCEL[1]*ACCEL[1] + ACCEL[2]*ACCEL[2]);
    for(i=0;i<3;i++){
```

```
    N_ACCEL[i] = ACCEL[i] / norm;
  }
}

void setup(){
  Wire.begin();
  Serial.begin(9600);
  Serial.println("MPU-6050 Sensor Test");
  I2Cwrite(CONFIG, 0);
  I2Cwrite(GYRO_CONFIG, 0);
  I2Cwrite(ACCEL_CONFIG, 0);
  I2Cwrite(PWR_MGMT_1, 0);
}

void loop(){
  I2Cread(ACCEL_XOUT_H, 14);
  Normalize();
  float ROLL = atan2(N_ACCEL[1], sqrt(N_ACCEL[0]*N_ACCEL[0] + N_ACCEL[2]*N_
  ACCEL[2]))*RAD2DEG;
  float PITCH = atan2(-N_ACCEL[0], N_ACCEL[2])*RAD2DEG;
  Serial.print(ROLL);Serial.print("\t");
  Serial.println(PITCH);
}
```

위의 예제에서 다양한 추가 함수가 쓰였다. 먼저 제곱근을 구하기 위해서 sqrt(); 함수를 사용하였으며, 탄젠트의 역함수인 아크탄젠트 값을 구하기 위해 atan2(분자, 분모)를 사용하였다. 이 두 함수의 사용에 유의하여 코드를 작성해야 한다.

》》 자이로스코프 센서 적용하기

자이로스코프를 사용하기 위해서는 우선 적분에 대한 개념을 알아야 한다. 적분(Integral)은 한자어로 쌓을 적(積)과 나눌 분(分)을 합친 글자로서 나뉜 것을 쌓아서 하나로 만드는 것으로 이해할 수 있다. 이는 미분과는 반대되는 개념으로, 미분은 커다란 덩어리를 잘게 쪼개어 표현하는 것을 말한다. 적분 연산을 이용하여 회전 각을 구하기 위해서는 각두와 각속도, 그리고 각가속도에 대한 개념을 이해해야 한다.

먼저 각도는 한 점에서 만나는 두 변(Line)이 벌어진 정도를 의미한다. 각도의 단위는 도(°)로 표현하거나 라디안(Radian)으로 표현할 수 있다. 도(Degree)라는 단위는 우리가 일상생활에서 흔히 사용하는 단위이지만 라디안이라는 단위는 흔히 쓰이지는 않는 단위이다. 이는 라디안은 수학적인 계산을 쉽게 하기 위해 도입된 개념이기 때문인데, 라디안은 기하학적인 방법에 의해 정의된다.

만약 반지름이 r인 원이 있다고 가정하자. 이때, 원의 중심을 향하는 두 변이 이루는 호(Arc)의 길이가 반지름과 같은 r이 되는 각도를 1라디안으로 정의한다. 다음 그림은 라디안의 정의를 시각적인 요소로 정리한 것이다.

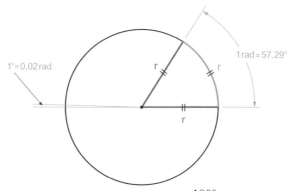

1라디안은 약 57.29도와 같으며, 정확한 값은 $\dfrac{180°}{\pi} \approx 57.2958°$ 이다. 반대로 1도는 $\dfrac{\pi}{180°} \approx 0.0175$ 와 같다.

각속도는 일반적인 속도의 개념과 비슷하지만 단위 시간 동안 이동하는 거리가 아니라 단위 시간 동안의 각도의 변화량을 의미한다. 만약 1.5초 동안 각도가 75도 변했다면, 1초 동안에는 $\dfrac{75°}{1.5s} = 50°/s$의 각도가 변화한다고 볼 수 있다. 각속도와 각도는 서로 시간에 대해 미분 혹은 적분을 수행하여 변환할 수 있는데, 변한 각도를 시간에 대해 미분을 수행하면 각속도를 얻을 수 있고, 반대로 각속도를 시간에 대해 적분하면 각도의 변화량을 구할 수 있다.

즉 다음과 같은 수학적인 관계를 가진다.

$$\frac{d\theta}{dt} = \omega, \quad \Delta\theta = \int_{t_0}^{t_1} wdt = \omega\Delta t = w(t_1 - t_0)$$

미분과 적분 기호가 있어 다소 복잡해 보일 수 있으나, 단순하게 생각하면 각속도는 1초 동안 변한 각도의 변화량이라고 할 수 있다. 예를 들면 $50°/s$의 각속도로 물체가 중심점을 기준으로 회전할 때, 2초 뒤에는 처음 위치에서 중심점을 기준으로 약 $50° \times 2 = 100°$ 회전한 위치에 있다고 할 수 있다.

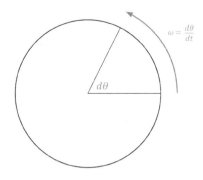

각 가속도는 각속도의 변화량으로, 단위 시간 동안 변한 각속도의 크기로 정의할 수 있다. 각 가속도는 각속도와 시간에 대한 미분과 적분을 통하여 변환될 수 있으며, 다음과 같은 관계를 가진다.

$$\alpha = \frac{dw}{dt} = \frac{d^2\theta}{dt^2}, \quad \Delta w = \int_{t_0}^{t_1} \alpha\, dt = \alpha \Delta t = \alpha(t_1 - t_0)$$

자이로스코프를 이용하여 우리가 구해야 할 값은 각도의 변화량이다. 자이로스코프 센서는 각속도를 측정하는 센서이므로 위의 정의에 의해 출력된 값을 시간에 대해 적분하여 회전한 각도를 측정할 수 있다. 드론에 사용되는 자이로 센서는 보통 X, Y, Z축에 대한 회전 속도를 측정하므로 원하는 자세값을 얻기 위해서는 각각의 축에 대해 적분을 수행해야 한다.

$$X축 : \int_{t_0}^{t_1} \omega_x dt = \phi + \omega_x \Delta t$$

$$Y축 : \int_{t_0}^{t_1} \omega_y dt = \theta + \omega_y \Delta t$$

$$Z축 : \int_{t_0}^{t_1} \omega_z dt = \varphi + \omega_z \Delta t$$

$$\omega_x : \text{x축을 기준으로 하는 각속도}, \ \phi : \text{롤 각도}$$

$$\omega_y : \text{y축을 기준으로 하는 각속도}, \ \theta : \text{피치 각도}$$

$$\omega_z : \text{z축을 기준으로 하는 각속도}, \ \varphi : \text{요 각도}$$

$$\Delta t = t_1 - t_0 : \text{측정한 시간 간격}$$

자이로 센서로부터 각도를 측정하기 위해서는 마지막에 측정한 시간과 현재 측정한 시간 사이의 간격인 Δt값이 필요하다. Δt값은 임의로 설정할 수도 있지만, 보통 현재 측정한 시간에서 마지막에 측정한 시간 간격을 빼서 구하게 된다. 위의 식 중 롤 각도를 구하는 공식을 분석해 보면 다음과 같다.

회전 후 롤 각도 = 이전에 측정한 롤 각도 + (x축 각속도 * 시간 간격)

이때, 자이로스코프 각도인 ω의 정밀도에 따라 자이로스코프가 계산하는 각도의 정확도가 달라지게 된다. 보통 센서는 오차값을 늘 가지고 있기 마련이다. 따라서 각속도를 적분할 때, 오차값 또한 같이 적분이 되며 이는 시간이 흐름에 따라 점차 오차가 누적되어 정확한 값을 계산할 수 없는 표류(Drift) 현상을 야기하게 된다.

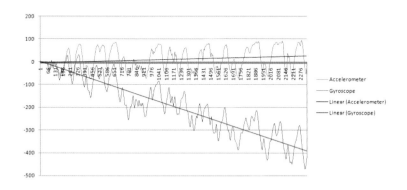

위의 그림처럼 시간에 따라서 자이로스코프로 계산한 각도 값은 점차 마이너스 방향으로 커져가는 것을 알 수 있다. 따라서 자이로스코프를 이용하여 각도를 계산할 때, 짧은 순간의 각도

값을 정확하게 낼 수 있지만, 시간이 지나면 결국 부정확한 값을 나타냄을 알 수 있다.

이를 해결하기 위해서는 가속도 센서가 계산한 각도 값과 자이로스코프가 계산한 각도 값을 서로 융합하는 작업을 수행해야 한다.

다음 예제는 자이로스코프를 이용하여 각도 값을 계산하는 예제 코드이다.

예제 #2. 자이로스코프 데이터로부터 각도 값 구하기

```
#include <Wire.h>

#define ADDR 0x68
#define CONFIG 0x1A
#define GYRO_CONFIG 0x1B
#define ACCEL_CONFIG 0x1C
#define ACCEL_XOUT_H 0x3B
#define PWR_MGMT_1 0x6B

#define RAD2DEG 180/PI;
#define t 988.

float ACCEL[3] = {0}, GYRO[3] = {0}, TEMP = 0;
float ANGLE[3] = {0}, _ANGLE[3] = {0};
int32_t timenow = 0, timeprev = 0;
int8_t i = 0;

void I2Cwrite(int8_t reg_addr, int8_t data){
  Wire.beginTransmission(ADDR);
  Wire.write(reg_addr);
  Wire.write(data);
  Wire.endTransmission(true);
}

void I2Cread(int8_t reg_addr, int8_t data_length){
  Wire.beginTransmission(ADDR);
  Wire.write(reg_addr);
  Wire.endTransmission(false);
  Wire.requestFrom(ADDR, data_length);
  for(i=0;i<3;i++){
    ACCEL[i] = (Wire.read() << 8 | Wire.read());
```

```
  }
  TEMP = Wire.read() << 8 | Wire.read();
  for(i=0;i<3;i++){
    GYRO[i] = (Wire.read() << 8 | Wire.read())/131.0;
  }
}

void setup(){
  Wire.begin();
  Serial.begin(9600);
  Serial.println("MPU-6050 Sensor Test");
  I2Cwrite(CONFIG, 0x06);   // DLPF를 적용합니다.
  I2Cwrite(GYRO_CONFIG, 0);
  I2Cwrite(ACCEL_CONFIG, 0);
  I2Cwrite(PWR_MGMT_1, 0);
}

void loop(){
  // 센서로부터 데이터를 읽어들입니다.
  I2Cread(ACCEL_XOUT_H, 14);

  // 시간의 변화량을 계산합니다.
  timenow = millis();
  float dt = (float)(timenow - timeprev) / t;
  timeprev = timenow;

  // 자이로 값(각속도)을 적분하여 각도를 계산합니다.
  for(i=0;i<3;i++){
    ANGLE[i] += GYRO[i] * dt;
    Serial.print(ANGLE[i]);Serial.print("₩t");
  }
  Serial.println();
}
```

≫ 센서 융합(Sensor Fusing)

앞서 실습한 예제코드를 실행하였을 때 우리는 가속도 센서가 시간이 지나도 오차가 누적되지 않는 장점이 있으나 순간적인 값이 매우 부정확히며 오차가 많음을 알 수 있었다. 반면에 자이로스코프 센서는 순간적인 값은 매우 정확하게 출력할 수 있으나, 시간이 지나면 표류 현상으로 인해 결국엔 부정확한 값을 나타내게 됨을 알게 되었다. 각각의 센서는 서로 상반되는 장점과 단점을 가지고 있고 또 같은 결괏값을 계산하고 있으므로 만약 두 센서의 장점을 적절히 결합하면 좋은 결과를 얻을 수 있을 것으로 예상된다. 이렇게 서로 상반되는 특징을 지닌 센서를 서로 융합시켜 더 좋은 결과를 내는 신호 처리 기법을 상보 필터(Complementary Filter, CF)라고 한다. 상보 필터를 사용하면 두 센서가 계산한 결괏값을 서로 융합하여 사용할 수 있으며, 가속도 센서와 자이로 센서의 장점을 결합한 결과를 내어 놓을 수 있다. 이 장점을 결합하기 위해 가속도 센서는 고주파 잡음을 제거할 수 있는 저역 통과 필터(LPF)를 적용하고 자이로 센서는 낮은 주기의 성분을 취하기 위해 고역 통과 필터(HPF)를 적용한 후 결합한다.

다음 그림은 가속도 센서와 자이로 센서로부터 취득한 데이터를 적분과 상보 필터를 거쳐 각도 추정값(Estimated Angle)을 계산하는 블록 다이어그램을 나타낸 것이다.

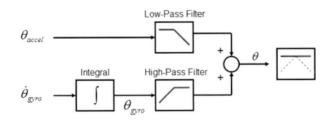

서로 다른 두 센서를 융합하기 위해서는 우선 두 센서가 같은 종류의 결괏값을 출력해야 한다. 따라서 앞서 실습을 통하여 구한 각각의 센서를 사용한 각도 값을 이용하여 결괏값을 융합해야 한다. 이를 적용하기 위해서는 저역 통과 필터(LPF)와 고역 통과 필터(HPF)에 대한 간단한 지식이 있어야 한다.

저역 통과 필디(LPF)는 고주파 성분을 제거하고 낮은 주파수 성분만 통과시키는 신호 여과기(필터)로, ADC와 같은 아날로그 회로에서 잡음을 제거하는 데 주로 쓰이고 있다. 하지만 디지털 프로세서를 이용하여 신호를 처리하는 데 사용할 수 있는데, 디지털 방식으로 구현된 저역 통과 필터를 디지털 저역 통과 필터(Digital LPF) 혹은 이산-시간 저역 통과 필터(Discrete LPF)라고 부른다. 저역 통과 필터를 사용하기 위해서는 차단 주파수(Cut-off Frequency), 평활 인자(Smoothing Factor)를 설정하고 계산해야 한다. 저역 통과 필터는 여러 가지 방법으로 구현할 수 있지만, 가장 쉬운 방법은 지수가중이동평균 필터(Weighted Moving Average Filter, WMAF)를 사용하는 것이다. WMAF는 오래전에 측정한 값에 가중치(Weight)를 적게 주고 가장 최근에 측정한 값에 가중치를 높게 두어 현재의 변화를 보다 잘 따라갈 수 있는 필터이다. WMAF 또한 차단 주파수와 평활 인자를 가지고 있으며 다음과 같은 관계를 가지고 있다.

$$\alpha = \frac{2\pi \Delta t f_c}{2\pi \Delta t f_c + 1}$$

만약 차단 주파수가 10Hz이고 시간 간격(Δt)이 1ms일 때, α값은 다음과 같다.

$$\alpha = \frac{2\pi \times 0.001 \times 10}{2\pi \times 0.001 \times 10 + 1} = 0.05912$$

평활 인자가 설정되었다면, 다음과 같은 공식을 통하여 DLPF를 구현할 수 있다.

$$y_1 = \alpha x + (1-\alpha) y_0$$

x : 측정된 값

y_0 : 이전에 계산한 값

y_1 : 현재 계산한 값

가속도 센서에 디지털 저역 통과 필터(DLPF)를 적용한 예제는 다음과 같다. 이 예제에서는 Cut-off Frequency를 50Hz로 설정하였으며, 시간 간격은 매 사이클마다 계산하여 적용하였다.

예제 #3. 가속도 센서에 저역 통과 필터 적용하여 각도 값 추출하기

```
#include <Wire.h>

#define ADDR 0x68
#define CONFIG 0x1A
```

```
#define GYRO_CONFIG 0x1B
#define ACCEL_CONFIG 0x1C
#define ACCEL_XOUT_H 0x3B
#define PWR_MGMT_1 0x6B

#define RAD2DEG 180/PI;
#define CUTOFF_FREQ 50

#define t 988

float ACCEL[3] = {0}, GYRO[3] = {0}, TEMP = 0, N_ACCEL[3] = {0};
float _ROLL = 0, _PITCH = 0;
int8_t i = 0;
int32_t timenow = 0, timeprev = 0;

void I2Cwrite(int8_t reg_addr, int8_t data){
  Wire.beginTransmission(ADDR);
  Wire.write(reg_addr);
  Wire.write(data);
  Wire.endTransmission(true);
}

void I2Cread(int8_t reg_addr, int8_t data_length){
  Wire.beginTransmission(ADDR);
  Wire.write(reg_addr);
  Wire.endTransmission(false);
  Wire.requestFrom(ADDR, data_length);
  for(i=0;i<3;i++){
    ACCEL[i] = (Wire.read() << 8 | Wire.read());
  }
  TEMP = Wire.read() << 8 | Wire.read();
  for(i=0;i<3;i++){
    GYRO[i] = (Wire.read() << 8 | Wire.read())/131.0;
  }
}

void Normalize(){
  float norm = sqrt(ACCEL[0]*ACCEL[0] + ACCEL[1]*ACCEL[1] + ACCEL[2]*ACCEL[2]);
  for(i=0;i<3;i++){
```

```
  N_ACCEL[i] = ACCEL[i] / norm;
  }
}

void setup(){
 Wire.begin();
 Serial.begin(9600);
 Serial.println("MPU-6050 Sensor Test");
 I2Cwrite(CONFIG, 0);
 I2Cwrite(GYRO_CONFIG, 0);
 I2Cwrite(ACCEL_CONFIG, 0);
 I2Cwrite(PWR_MGMT_1, 0);
}

void loop(){
  // 가속도 센서로부터 데이터를 읽습니다.
  I2Cread(ACCEL_XOUT_H, 14);

  // 가속도 센서값을 정규화합니다.
  Normalize();

  // 시간의 차이(dt)를 구합니다.
  timenow = millis();
  float dt = (float)(timenow - timeprev) / t;
  timeprev = timenow;

  // 차단 주파수로 평활 인자를 계산합니다.
  float num = 2*PI*CUTOFF_FREQ*dt;
  float alpha = num / (num + 1);

  // 각도 값을 구합니다.
  float ROLL = atan2(N_ACCEL[1], sqrt(N_ACCEL[0]*N_ACCEL[0] + N_ACCEL[2]*N_
  ACCEL[2]))*RAD2DEG;
  float PITCH = atan2(-N_ACCEL[0], N_ACCEL[2])*RAD2DEG;

  // 구한 각도 값에 WMAF를 적용합니다.
  ROLL = alpha * ROLL + (1 - alpha) * _ROLL;
  _ROLL = ROLL;
  PITCH = alpha * PITCH + (1 - alpha) * _PITCH;
```

```
_PITCH = PITCH;

// 구한 값을 표시합니다.
Serial.print(ROLL);Serial.print("₩t");
Serial.println(PITCH);
}
```

고역 통과 필터(HPF)는 반대의 성질을 가지고 있다. 고역 통과 필터에서의 인자 α와 차단 주 파수 f_c의 관계는 다음과 같다.

$$\alpha = \frac{1}{2\pi\Delta t f_c + 1}$$

이때, 고역 통과 필터는 다음과 같이 계산된다.

$$y_1 = \alpha y_0 + \alpha(x_1 - x_0)$$

x_1 : 현재 측정된 값

x_0 : 이전에 측정한 값

y_1 : 현재 필터링된 값

y_0 : 이전에 필터링한 값

하지만 위의 식에 따라 자이로스코프 센서에 고역 통과 필터를 적용시켜 필터링된 값을 구하 더라도 센서의 근본적인 오차는 없어지지 않으므로 결국 우리가 구하고자 하는 자세값은 표류 (Drift)하게 될 것이다. 다만 저역 통과 필터를 적용시킨다면 신뢰할 수 없는 값이 되는 시점이 늦어질 뿐이다. 따라서 이러한 단점을 해결하기 위해서는 반드시 자이로스코프 센서 외에도 같 은 현상을 측정하는 다른 센서를 사용하여 보완해야 한다.

이때 사용되는 센서인 가속도 센서와 앞서 활용한 자이로스코프 센서를 융합한 결과는 각각 의 센서가 측정하는 원래의 값과 같아야 한다. 즉, 1이라는 값을 측정할 때 가속도 센서가 계산 한 값과 지이로 센서가 계산한 값의 합은 항상 1이어야 한다는 것이다. 이 원칙을 지키기 위해서는 가속도 센서가 계산한 값을 30% 사용하고 자이로 센서가 계산한 값을 70% 사용하거나 혹은 가속도 센서 90%, 자이로센서 10%와 같은 형태로 사용할 수 있다.

즉, 다음과 같은 식으로 계산할 수 있다.

$$\theta = \alpha\theta_a + (1-\alpha)\theta_g$$

$$\alpha = \frac{\tau}{\tau + \Delta t}$$

(단, $0 \le \alpha \le 1$)

ϕ : 상보 필터를 거친 각도

θ_a : 가속도 센서가 측정한 각도

θ_g : 자이로 센서가 측정한 각도

이때, α값은 시정수(Time Constant, τ)와 시간 간격(Delta T, Δt)에 따라 달라진다. 시정수는 타우(τ)라고 읽으며, 필터를 거친 결괏값이 얼마나 빠른 속도로 나올 것인지 결정하는 인자이다. 저역 통과 필터에서는 시정수보다 긴 신호는 통과시키고 짧은 신호는 걸러낸다. 고역 통과 필터에서는 이와 반대로 작동한다. 즉, 시정수의 값에 따라 고역 통과 필터와 저역 통과 필터의 비율이 달라진다.

드론은 3차원 공간을 움직이는 물체이므로 위의 식을 x축과 y축에 대해서 각각 계산한다. 하지만 z축에 대한 각도를 얻을 수 없는데, 가속도 센서는 중력 방향만을 측정하고 중력은 항상 지표면에 대해 수직 방향이기 때문에 지표면과 평행한 평면(XY평면)에 대한 회전각은 측정할 수 없다. Yaw 각은 자이로 센서와 지자기 센서를 이용하여 계산해야만 한다. 드론의 자세를 추정할 때 주의해야 할 점은 과도한 부동소수점 연산은 자제하고 가능한 한 최적화하여 처리 속도를 빠르게 해야 한다는 점이다. 드론이 안정된 비행 성능을 확보하기 위해서는 적어도 초당 200회 이상, 즉 200Hz 이상의 자세를 계산해야 하며, 산업용 드론의 경우 초당 1천 번 이상(1kHz) 이상의 자세를 추정한다.

다음은 저역 통과 필터가 적용된 가속도 센서의 각도 값과 고역 통과 필터가 적용된 자이로 센서의 각도 값을 상보 필터를 통해 서로 융합시키는 예제이다.

예제 #4. 1차 상보필터를 적용하여 각도 값 추정하기

```
#include <Wire.h>

#define CONFIG 0x1A
#define GYRO_CONFIG 0x1B
#define ACCEL_CONFIG 0x1C
#define ACCEL_XOUT_H 0x3B
#define ACCEL_XOUT_L 0x3C
#define ACCEL_YOUT_H 0x3D
#define ACCEL_YOUT_L 0x3E
#define ACCEL_ZOUT_H 0x3F
#define ACCEL_ZOUT_L 0x40
#define GYRO_XOUT_H 0x43
#define GYRO_XOUT_L 0x44
#define GYRO_YOUT_H 0x45
#define GYRO_YOUT_L 0x46
#define GYRO_ZOUT_H 0x47
#define GYRO_ZOUT_L 0x48
#define AFS_SEL_8G 0x10
#define AFS_SEL_16G 0x18
#define PWR_MGMT_1 0X6B
#define ADDR 0x68
#define RAD2DEG 180./PI
#define DEG2RAD PI/180.

int16_t i = 0, ACCEL[3] = {0}, GYRO[3] = {0};
float nACCEL[3] = {0}, accAngle[3] = {0};
float gyroAngle[3] = {0}, fGYRO[3] = {0};
float Angle[3] = {0};
int16_t timenow = 0, timeprev = 0;

void writeData(int16_t addr, int16_t data){
  Wire.beginTransmission(ADDR);
  Wire.write(addr);
  Wire.write(data);
  Wire.endTransmission(true);
}
```

```
void getAccel(){
 Wire.beginTransmission(ADDR);
 Wire.write(ACCEL_XOUT_H);
 Wire.endTransmission(false);
 Wire.requestFrom(ADDR, 6);
 for(i=0;i<3;i++){
   ACCEL[i] = Wire.read() << 8 | Wire.read();
 }
 Wire.endTransmission(true);
}

void getGyro(){
 Wire.beginTransmission(ADDR);
 Wire.write(GYRO_XOUT_H);
 Wire.endTransmission(false);
 Wire.requestFrom(ADDR, 6);
 for(i=0;i<3;i++){
   GYRO[i] = Wire.read() << 8 | Wire.read();
 }
 Wire.endTransmission(true);
}

void setup(){
 Wire.begin();
 Serial.begin(9600);
 writeData(PWR_MGMT_1, 0);
 writeData(CONFIG, 0x06);
 writeData(GYRO_CONFIG, 0);
 writeData(ACCEL_CONFIG, 0);
 timeprev = millis();
}

void loop(){
 timenow = millis();
 float dt = ((float)(timenow - timeprev))/988.;
 timeprev = timenow;
 getGyro();
 getAccel();
 normalize();
```

```
  getAccelAngle();
  getGyroAngle(dt);
  getEstimatedAngle();
  Serial.print(Angle[0]);Serial.print("\t");
  Serial.print(Angle[1]);Serial.print("\t");
  Serial.println(Angle[2]);
}

void normalize(){
  int16_t norm = sqrt(pow(ACCEL[0], 2) + pow(ACCEL[1], 2) + pow(ACCEL[2], 2));
  for(i=0;i<3;i++){
   nACCEL[i] = (float)ACCEL[i] / (float)norm;
  }
}

void getAccelAngle(){
  accAngle[0] = atan2(nACCEL[1], sqrt(pow(nACCEL[0], 2) + pow(nACCEL[2], 2)));
  accAngle[1] = atan2(-nACCEL[0], nACCEL[2]);
}

void getGyroAngle(float deltaT){
  for(i=0;i<3;i++){
   fGYRO[i] = (float)GYRO[i] / 131.;
  }
  gyroAngle[0] = Angle[0] + fGYRO[0] * deltaT;
  gyroAngle[1] = Angle[1] + fGYRO[1] * deltaT;
  gyroAngle[2] = Angle[2] + fGYRO[2] * deltaT;
}

void getEstimatedAngle(){
  float alpha = 0.02;
  for(i=0;i<2;i++){
   Angle[i] = (1 - alpha) * gyroAngle[i] + alpha * accAngle[i] * RAD2DEG;
  }
}
```

위의 예제에서는 상보 필터를 적용하여 드론의 각도 값을 구하였다. 하지만 위의 예제에서는 좌표 변환에 대한 내용이 빠져 있으므로 이를 이용하여 실제로 비행에 적용하기 위한 코드를 작성할 경우 비행 성능이 나쁘다. 왜냐하면 드론에 탑재되어 있는 가속도 센서와 자이로 센서는 항상 드론에 부착되어 있는 좌표계를 기준으로 값을 측정하며 따라서 우리가 보는 기준, 즉 지구 표면을 기준으로 하는 좌표계로 측정값을 바꾸어야 제대로 된 값을 측정할 수 있다.

드론의 자세 제어기 기초

무언가를 원하는 대로 제어할 수 있는 자동 제어기를 설계함에 있어서 빠른 반응 속도와 정확한 제어는 궁극적으로 달성해야 할 목표이다. 또한 시간이 지나더라도 처음과 같은 성능을 유지해야 하며 가능한 한 제어 회로와 프로그램이 복잡하지 않아야 한다. 하지만 세상에 이런 완벽한 제어기는 없으며 다만 가능한 한 원하는 요구 조건에 맞출 수 있을 뿐이다. 드론을 제어함에 있어서도 마찬가지인데 같은 하드웨어(CPU 혹은 MCU)를 사용할 때 빠른 반응을 요구할 경우 필연적으로 드론의 비행 안정성은 떨어질 수밖에 없다. 따라서 드론의 자세를 제어하는 자세 제어 시스템을 설계할 때에는 이러한 점을 고려하여 설계해야 한다.

드론에 자동 제어기를 적용하기에 앞서 어떠한 종류의 자동 제어기가 있는지 알아볼 필요가 있다. 아날로그 제어 시스템과 디지털 제어 시스템이 혼용되는 고전 제어 이론에서부터 확률 기반의 제어나 인공지능 기반의 제어 시스템을 구현하는 현대 제어 이론에 이르기까지 다양한 제어 시스템이 존재하지만, 제어 시스템을 설계하는 데 드는 인력, 비용, 시간 등을 고려하였을 때 실용적으로 사용 가능한 제어기는 몇 가지에 지나지 않는다. 대표적인 자동 제어기로는 ON/OFF 제어기가 있으며, 여기에서 발전한 비례(Proportional) 제어기, 비례-적분(Proportional-Integral, PI) 제어기, 비례-미분(Proportional-Derivative, PD) 제어기, 비례-적분-미분(Proportional-Integral-Derivative, PID) 제어기, 선형 2차 조정기(Linear Quadratic Regulator) 등이 있다.

ON/OFF 제어기(Two Position Control)

ON/OFF 제어기는 가장 기초적인 제어기이며 그만큼 단순하여 구현하기가 매우 쉽다. ON/OFF 제어기는 단어 뜻 그대로 단순히 켜거나(ON) 끈(OFF) 상태로 원하는 제어를 수행한다. 이는 마치 디지털 신호와 비슷한데, 디지털 신호가 아무리 정교해도 아날로그 신호의 연속적인 신호를 결코 만들어내지 못한다. 또한 PWM 신호와 마찬가지로 켜진 시간(ON)과 꺼진 시간(OFF)에 따라 제어하게 된다. 예를 들어 평균 온도가 15도인 방안이 온도를 30도까지 올린다고 생각하자. 방 안의 온도를 조절할 수 있는 것은 전기 히터 하나만 있고 히터는 완전히 켜지거나 (100% 출력) 완전히 꺼진(0% 출력) 상태만을 가질 수 있다고 가정하자. 이 상황에서 ON/OFF 제어기를 적용하게 된다면 온도 센서가 측정한 방 안의 온도가 30도보다 낮을 때는 히터는 켜(ON)져서 방 안을 데울 것이다. 하지만 온도가 30도가 넘어가는 순간 목표치를 넘었으므로 히터는 꺼지게(OFF) 된다. 하지만 모든 물리적 현상은 디지털 신호와 달리 즉각적으로 반응하지 않는다. 따라서 히터는 서서히 식게 될 것이고, 공기 온도는 계속 증가하게 된다. 시간이 지남에 따라 히터는 식게 되고 다시 공기도 자연스럽게 냉각되어 30도 이하로 떨어질 것이다. 공기의 온도가 30도 이하로 떨어지게 되면 다시 히터를 가동하여 공기를 가열하게 되는데, 히터의 온도는 순식간에 올라가지 않으므로 공기의 온도는 약간 떨어진 후 다시 상승하게 될 것이다. 이런 과정을 계속 반복하여 공기의 온도를 조절하는 것이 바로 ON/OFF 제어기이다.

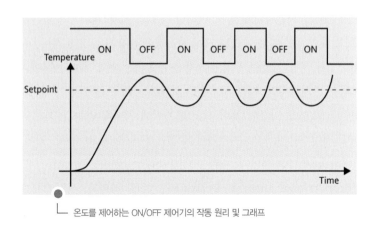

온도를 제어하는 ON/OFF 제어기의 작동 원리 및 그래프

ON/OFF 제어기의 가장 큰 장점은 간단한 구조이며 이로 인해 제어 시스템을 개발하는 데 시간과 비용이 적게 든다. 하지만 ON/OFF 시간을 무한대로 작게 설정할 수 없고, 액추에이터 (모터, 히터 등)의 작동은 물리 법칙의 영향을 크게 받으므로 정밀한 제어를 수행할 수 없다. 위의 그림에서 볼 수 있듯 ON/OFF 제어기를 이용할 경우 결국 설정값(SP)과 공정 변숫(PV)값이 일정 수준 이하로 줄어들지 않으며 공정 변수는 무한히 반복하여 진동하게 된다. ON/OFF 제어기는 현재 온도(=공정 변수)를 측정하여 되먹임(피드백)을 하지만 제어량을 계산하는 데에는 직접 영향을 미치지 않기 때문이다. 따라서 정밀한 제어가 필요하지 않으며 온도 조절기와 같이

가능한 한 저렴한 비용으로 시스템을 제작해야 하는 경우에 주로 사용된다.

이러한 문제를 해결하기 위해서는 되먹임 값을 직접 사용하여 제어량을 계산할 필요가 있다. 이에 따라 등장한 개념이 비례(P) 제어기이다.

>>> P 제어기

비례(Proportion) 제어기는 제어 결과가 다음 제어량 계산에 영향을 미치는 되먹임 제어기(=피드백 제어기, Feedback Controller)의 일종이다. 비례 제어기는 영문명의 머리글자를 따서 P 제어기로 불리며 원하는 설정값(SP)과 제어 결괏값(PV)의 차이를 계산하여 오차를 구한 후, 오차에 적절한 상수를 곱하여 제어량을 산출한다.

이를 수식으로 나타내면 다음과 같다.

1. 오차(Error) 계산	$e(t) = SP - PV$
2. 비례 이득을 곱하여 제어량 계산	$u(t) = e(t) * K_p$
3. 제어 후 자세를 계산	–
4. 자세값을 되먹임(Feedback)	–

이때 비례 상수(Proportional Constant) 혹은 비례 이득(Proportional Gain)이라고 불리는 K_p 값이 필요한데 이 값은 사용자가 스스로 자유롭게 설정할 수 있다. 그러면 어떻게 K_p 값을 정할 수 있을까? 그 전에 비례 이득 K_p의 크기에 따른 제어기의 반응을 알아야 한다. 비례 이득 K_p가 가장 큰 영향을 미치는 성능은 상승 시간이다. 비례 이득 K_p가 클수록 상승 시간이 빨라지며 전체 시스템은 더 빠른 속도로 목푯값에 도달하게 된다. 하지만 그에 비례하여 오버슈드가 커지게 되며 더 커지면 전체 시스템이 불안정하게 진동하거나 진동이 커지게 되어 자세 제어를 할 수 없게 된다. 또한 정상상태오차가 작아져 더 정밀하게 제어할 수 있지만 정착 시간은 거의 변화가 없다. 값이 안정화되는 데에는 큰 영향을 미치지 못한다. 반면에 비례 이득 K_p 값이 작을 경우 상승 시간이 지나치게 길거나 목푯값에 이르지 못할 수 있다. 따라서 적절한 K_p 값을 선정하여 사용해야 한다.

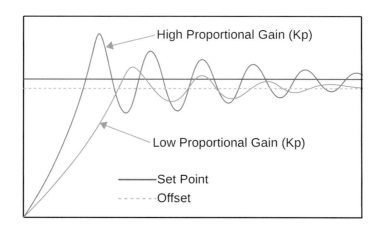

하지만 비례 제어기의 한계 또한 명백하다. 비례 제어기는 정상상태오차를 어느 정도 줄일 수 있지만 제거할 수는 없으며 여전히 정상상태오차가 의미 있게 존재한다. 이를 해결하기 위해서는 추가적인 제어항이 있어야만 한다.

PI 제어기

앞서 다루었던 P 제어기는 되먹임 제어기(피드백 제어기)에서 가장 기초가 되는 제어기이다. 대부분의 제어는 P 제어기만으로도 충분한 반응 속도와 정밀도를 확보할 수 있지만 보다 정밀하게 제어하기 위해서는 추가적인 항이 필요하다. 앞서 언급하였던 바와 같이 P 제어기만으로는 정상상태오차를 줄일 수는 있지만 제거할 수 없다. 왜냐하면 비례 제어기의 특성상 오차가 작아지면 작아질수록 제어량은 점점 줄어들게 되어 결국엔 제어량이 거의 0으로 수렴할 것이기 때문이다. 따라서 실제로는 목푯값에 도달하지 못하였음에도 불구하고 제어량이 극히 작아 더 이상 오차를 줄일 수 없게 된다. 따라서 이를 해결하기 위해서는 남은 오차만큼 추가적인 제어량을 계산할 수 있는 새로운 계산식이 필요하다. 적분을 이용한 오차의 계산은 이러한 정상상태오차를 줄이는 데 큰 역할을 할 수 있다. 제어기에서의 적분은 과거의 오차값을 누적한 값으로 여태까지 계산된 오차의 평균이라고 생각할 수 있다. 적분항이 추가되면 결국엔 오차의 평균값이 0이 될 때까지 계속해서 적분기가 작동하게 될 것이고 이때 비례항의 제어량이 매우 작아 적절한 제어를 수행할 수 없더라도 적분기가 제어를 수행할 수 있다. 따라서 결국에는 목푯값(SP)과 시스템 변수(PV)의 오차의 누적이 0이 되어 안정된 상태를 이루게 되며 이때 정상상태오차는 제거된다.

적분항이 포함된 PI 제어기는 다음과 같이 구성된다.

$$e(t) = SP - PV$$
$$u(t) = K_p e(t) + K_i \int^t e(t)dt$$

P 제어기와 비교할 때 적분 이득(Integral Gain, I-Gain, K_i)과 시간에 대한 오차의 적분항이 추가되었다. 시간에 따른 오차의 적분은 처음 상태부터 현재까지 오차의 누적 값과 같으며 만약 오차의 누적값이 매우 큰 경우 액추에이터(모터, 히터 등)의 작동 한계까지 제어량이 커질 수 있다. 만약 액추에이터의 작동 한계를 넘어선 제어량이 계산될 경우 액추에이터가 파손되거나 더 이상 제어를 할 수 없게 된다. 이러한 상태를 포화된(Saturated) 상태라고 하며 액추에이터의 포화(Saturation)를 막기 위해 적분기의 제어량이 일정량 이상 늘어날 수 없도록 하는 것을 안티 와인드업(Anti Wind-up)이라고 한다. 적분기를 사용할 때에는 반드시 안티 와인드업 알고리즘이 들어가야 하며 이를 위한 가장 쉬운 방법은 오차의 적분량을 제한하거나 적분기가 만들어 내는 제어량을 제한하는 방법이 있다.

적분기가 추가된 비례 제어기는 비례-적분 제어기로 불리며 정상상태오차가 제거되는 것을 확인할 수 있다. 적분기가 제어량에 미치는 영향은 적분 이득(I-Gain, K_i)에 따라서 달라지는데, 적분 이득 K_i를 적절하게 설정하지 않을 경우 시스템이 불안정(Unstable)하게 된다. 보통 적분 이득 K_i가 커실수록 정상상태오차가 제거되고 더욱 빠른 상승 속도를 얻게 되어 상승 시간이 줄어드는 효과를 가지지만 적분기의 지연 작용으로 인해 오버슈트가 증가하고 정착 시간이 길어지는 단점이 있다. 적분 이득 K_i가 매우 큰 경우에는 다른 제어기가 미치는 영향이 미미하게 되어 결국 시스템이 발산(Divergence)하여 안정성이 매우 떨어진다. 반면에 적분 이득 K_i가 낮을 경우 정상상태오차가 제거되지 않고 오버슈트와 정착 시간만 늘리게 되어 제어기의 성능이 나빠진다.

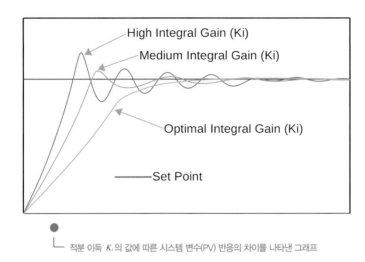

적분 이득 K_i의 값에 따른 시스템 변수(PV) 반응의 차이를 나타낸 그래프

　위의 그림은 동일한 비례 이득 K_p를 가질 때 적분 이득 K_i에 따른 시스템 변수의 시간에 따른 반응(Response)을 나타낸 것이다. 그래프에 따르면 적분 이득 K_i가 커질수록 반응 속도가 빨라지고 오버슈트가 증가하게 됨을 알 수 있다. 적절한 적분 이득 K_i가 선택된다면 오버슈트가 발생하지 않고 정상상태오차가 제거되는 것을 알 수 있다.

〉〉 PD 제어기

　만일 제어하고자 하는 시스템이 정밀한 제어 성능보다는 과도한 움직임(오버슈트)을 억제하고 외부의 영향에 강한 제어기를 필요로 할 경우에는 비례 제어기에 미분 제어기를 이용하여 제어기를 설계할 수 있다. 비례-미분 제어기는 비례항(Proportional Term)으로는 외부의 힘에 의한 시스템 변수의 순간적이고 급작스러운 변화에 대응할 수 없을 때 주로 사용된다. 여기서 미분항(Derivative Term)은 외란(Disturbance)을 억제하고 빠른 속도로 정착 시간(t_s)을 얻을 수 있도록 하는 역할을 하며 상승 시간(t_r)과 정상상태오차에는 큰 영향을 미치지 못한다.

　미분항의 원리는 이름처럼 미분의 성질을 이용한 것인데, 물리적 의미에서 시간에 대한 미분이란 순간적인 시간 동안의 변화를 말한다. 만약 dt라는 시간 동안 de가 변했다면 단위 시간 동안 변한 e는 다음과 같이 나타낼 수 있다.

$$\lim_{\Delta t \to \infty} \frac{e(t_1) - e(t_0)}{\Delta t} = \frac{de(t)}{dt}$$

이때, $e(t)$를 오차 $e(t) = SP - PV$ 라고 할 때, $de(t)$는 오차의 변화량이며 다음과 같다.

$$e(t) = e(t_1) - e(t_0)$$

현재 측정한 시간을 t_1이라고 할 때 $e(t)$는 현재 측정한 오차값($e(t_1)$)과 직전에 측정한 오차값($e(t_0)$)의 차이이다. 또, 이전에 오차를 측정하였을 때의 시간 t_0 와 현재 시간 t_1 의 차이는 dt로 나타내며, 다음과 같다.

$$dt = t_1 - t_0$$

따라서 오차의 미분항은 다음과 같은 의미를 가진다.

$$\frac{de(t)}{dt} = \frac{e(t_1) - e(t_0)}{t_1 - t_0}$$

즉, 측정한 시간 간격 동안 오차의 변화량을 의미한다. 이는 단위 시간당 오차의 변화량을 의미하며 오차가 얼마나 급격하게 변하고 있는지를 나타내는 척도이다. PD 제어기에서 미분항은 위의 식에 미분 이득(Derivative Gain, K_d)을 곱하여 사용한다.

PD 제어기의 일반적인 형태는 다음과 같다.

$$u(t) = K_p e(t) + K_d \frac{de(t)}{dt}$$

미분 제어기는 단위 시간당 오차의 변화량이 클 경우 더 큰 제어량을 만들어 낸다. 오차의 변화량이 크다는 것은 그만큼 시스템의 상태가 급작스럽게 변했다는 것을 뜻하며, 드론에 있어서 이러한 상황은 외부의 물체와 충돌하거나 돌풍이 불 경우라고 할 수 있다.

일반적으로 미분 이득 K_d 가 커질수록 시스템의 오버슈트가 감소하며 정차 시간(t_s)도 감소한다. 만약 K_d 값이 크지 않을 경우 시스템의 안정성은 다소 올라가는 경향을 보인다. 하지만 상승 시간(t_r)에는 큰 영향을 미치지 않으며, 정상상태오차는 큰 변화가 없다. 따라서 미분항을 적용할 때에는 적절한 오버슈트의 감소와 정착 시간의 감소를 유도하기 위해 작은 값의 미분 이득 K_d 를 사용하는 것이 바람직하다.

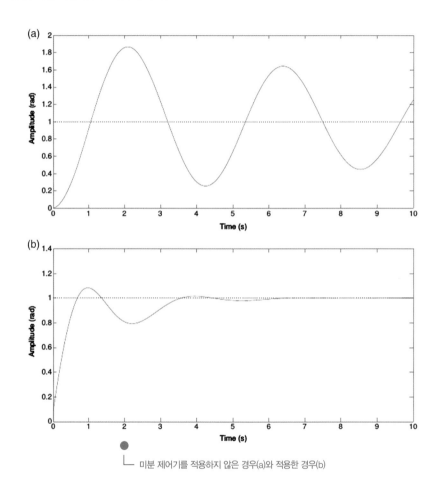

미분 제어기를 적용하지 않은 경우(a)와 적용한 경우(b)

›› PID 제어기

만약 제어 시스템이 P 제어기, PI 제어기, PD 제어기를 적용했을 때 원하는 제어기 성능을 얻지 못했을 경우 비례, 적분, 미분 제어기를 모두 적용하여 원하는 제어기의 성능을 구현한다. 보통 드론을 비롯하여 자동차, 항공기, 우주선 및 기타 자동 제어 시스템이 필요한 각종 산업 현장에서 주로 쓰이는 제어기가 바로 PID 제어기이다. PID 제어기는 빠른 속도로 목푯값에 근접할 수 있도록 하고 정상상태오차를 줄여주는 비례항, 자그마한 정상상태오차를 제거해주는 적분항, 외란을 억제하고 빠른 속도로 안정된 목푯값에 도달할 수 있도록 하는 미분항 모두 들어가 있는 제어기이므로 빠른 목푯값 도달, 극히 적은 정상상태오차, 빠른 속도의 안정화를 기대할 수 있는 이상적인 제어기이며 디지털 시스템에서 구현하는 것이 지극히 간단하기 때문에 가장 많이 쓰이는 자동 제어기가 되었다.

PID 제어기는 다음과 같은 구조를 지닌다.

$$u(t) = K_p e(t) + K_i \int^t e(t)dt + K_d \frac{de(t)}{dt}$$

PID 제어기는 비례, 미분, 적분 이득을 모두 가지기 때문에 적절한 값을 찾는 것이 관건이다. 원하는 제어 성능에 맞는 이득 값을 찾는 것을 튜닝(Tuning)이라고 한다. PID 제어기를 이루는 이득은 서로 상호 영향을 미치기 때문에 적절한 값이 아닐 경우 제어가 불가능할 수 있다.

PID 제어기에서 각 이득 값을 증가시킬 경우 다음과 같이 제어 성능이 변화한다.

【비례, 적분, 미분 이득값의 변화에 따른 제어기의 성능 변화(출처 : 영문 위키피디아)】

구분	상승 시간	오버슈트	정착 시간	정상상태오차	안정성
K_p	감소	증가	약간 변화	감소	나빠짐
K_i	감소	증가	증가	제거	나빠짐
K_d	약간 변화	감소	감소	영향 없음	K_d가 작을 때 좋아짐

PID 제어기를 사용할 때 주의할 점은 적분 제어기와 미분 제어기의 특성과 단점을 보완해 줄 기법이 반드시 필요하다는 것이다. 적분 제어기의 경우 액추에이터의 포화(Saturation)를 일으킬 수 있으므로 이를 방지할 수 있는 안티 와인드업(Anti Wind-up) 기법을 적용해야 하며 미분 제어기는 극히 짧은 순간 동안 측정할 경우 자그마한 변화도 크게 증폭될 수 있으므로 이를 완화시킬 수 있는 저역 통과 필터(LPF)를 구현해야 한다.

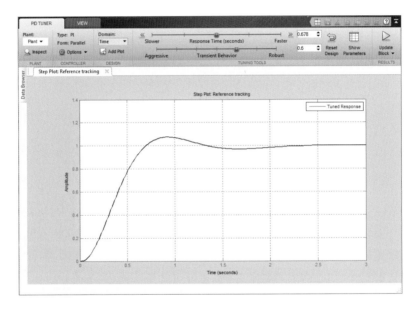

적절하게 튜닝된 PID 제어기는 위의 그림과 같은 시간-진폭 그래프를 가진다. 위의 그래프는 시스템 변수가 0일 때 설정값으로 1을 주었을 경우의 반응을 나타낸 것이다. 그래프에 따르면 상승 시간은 대략 0.7초이며 오버슈트는 약 0.08, 피크 시간은 0.85초, 정착 시간은 약 1.7초이며 정상상태오차는 거의 없음을 알 수 있다.

드론에 있어서 PID 제어기는 구조가 간단하여 구현하기가 쉽고 비용과 시간 소모가 적으며 대부분의 드론에 적절한 제어 성능을 제공할 수 있어 널리 쓰인다. 하지만 드론에 이용되는 PID 제어기는 기존 공장 자동화(FA)와 같은 분야의 자동 제어기와는 사뭇 다른 특성을 가지고 있으며 다음 장에서 이 내용을 설명하고자 한다.

PID 제어기 구현하기

PID 제어기는 고전 제어 이론(Classical Control Theory)의 대표적인 제어기이므로 기본은 아날로그 제어 회로에서 시작하였다. 하지만 디지털 제어 시스템에도 쉽게 적용할 수 있는데 오히려 아날로그 제어 시스템보다 구현과 실행이 쉽다. 드론을 제어하는 데 있어서도 PID 제어기는 구조가 간단하고 구현하기가 쉬워 널리 사용되고 있는데, 기존 시스템과는 다른 특성을 가지고 있다. 드론의 자세를 제어하는 PID 제어기를 설계하고 실행하는 데 있어 가장 중요한 특징은 Time-critical 시스템이라는 것이다. Time-critical 시스템은 실행 시간이 가장 중요한 시스템임을 말하며 가능한 한 빠른 속도로 연산을 수행하는 것이 중요하다. 드론의 자세를 제어하기 위해서는 최소한 250Hz 이상의 제어 주기를 가져야 한다. 즉, 1초당 250번 이상 자세를 연산하고 모터를 제어해야 원하는 자세를 유지할 수 있다. 이러한 제어 성능을 가지기 위해서는 연산을 담당하는 CPU(MCU 혹은 AP)의 성능도 중요하지만, 고성능 프로세서의 경우 가격이 비싸고 주변 회로가 복잡해지는 단점이 있다. 따라서 비용과 시간을 절감하기 위해서는 가능한 한 소프트웨어적으로 최적화하는 것이 우선이며, 이러한 시스템적 특징은 드론을 제어하는 데 있어서 자세를 측정하는 알고리즘의 최적화와 제어 알고리즘의 최적화가 중요한 이유이다.

PID 제어기를 구현하는 데 있어 위와 같은 고려 요소들을 충분히 반영해야만 한다. 자세 추정 시스템(ARS) 혹은 자세 및 방위 추정 시스템(AHRS)에 비하여 PID 제어기는 구조와 원리가 단순하여 비교적 최적화 성능의 효과가 덜하지만, 저렴하고 전력 소모가 적고 크기와 주변 회로가 적은 8bit 마이크로프로세서 혹은 MCU를 이용할 때에는 무시할 수 없는 성능 향상 요소이다. 따라서 PID 제어기를 구현하는 프로그래밍 언어조차 실행 속도가 빠른 C언어를 주로 사용한다.

C언어를 이용하여 PID 제어기를 구현하는 것은 매우 쉽다. 단순히 덧셈, 곱셈, 나눗셈만 수행하면 되기 때문이다. 하지만 원하는 제어 성능을 얻기 위해서 부가적인 알고리즘을 첨부해야 올바르게 작동할 수 있다. 또한 PID 제어기는 하나의 항으로 이루어지지 않고 P항, I항, D항으로 이루어져 있는데 이를 각각 구현하여 합치는 형태로 구현하는 것이 프로그래밍 코드 작성의 편리성과 유지·보수 측면에서도 좋다.

먼저 PID 제어기를 구현하기 위해서는 별도의 함수로 제작하는 것이 제일 좋다. 메인 루프에서 단순히 불러서 사용하면 간편하기 때문이다. PID 제어기의 함수 구문에서는 가장 먼저 오차값을 계산하기 위해 설정값(SP)과 시스템 변숫(PV)값을 받아야 한다. 설정값과 시스템 변숫값을 받았다면 오차(Error)를 계산해야 하며, 다음과 같이 구현할 수 있다.

```
void PID(float SP, float PV){
    float error = SP - PV;
}
```

위의 함수에서 SP 값은 목표로 하는 자세값(피치, 롤 , 요)이며 PV 값은 드론의 실제 자세값이 된다. 위의 코드에서 계산한 오차값은 비례항(Proportional Term)과 적분항(Integral Term), 미분항(Derivative Term)을 계산하는 데 중요한 참조값(Reference Value)이므로 가능한 한 오류가 발생하지 않도록 넓은 범위의 자료형으로 선언한다.

오차값을 얻었다면 이제 우리는 비례항을 계산하는 식을 프로그래밍할 수 있다. 비례항은 굉장히 단순한 구조를 가지고 있다. 오차값에 비례 이득 K_p를 단순히 곱하기만 하면 비례항을 구할 수 있다. 위의 프로그램에 비례항을 계산하는 식을 추가하면 다음과 같다.

```
void PID(float SP, float PV){
    float Kp = 4.5;
    float error = SP - PV;
    float P_TERM = error * Kp;
}
```

위의 프로그램에서 비례 상수 K_p는 PID 제어기 함수 내부에서 float형으로 선언되어 4.5의 값으로 초기화되어 오차값에 곱하여 결괏값이 P_TERM이라는 float형 변수에 저장됨을 알 수 있다. 앞서 말했던 바와 같이 비례항으로 어느 정도 자세 제어가 가능함을 알 수 있다. 하지만 진동이 매우 심하고 제어의 경향(앞으로 가는지 뒤로 가는지 등과 같은)만 알 수 있을 뿐 진정한 의미에서의 제어를 할 수 없다. 즉, 정상상태오차가 매우 커서 유의미한 제어를 할 수 없는 것이다. 이를 해결하기 위해서는 정상상태오차를 줄일 수 있는 적분항의 도입이 필요하다. 하지만 적분항은 비례항에 비해 다소 프로그램이 까다롭다.

```
float I_TERM = 0;
void PID(float SP, float PV){
    float Kp = 4.5, Ki = 0.05;
    timenow = millis();
    float dt = (timenow − timeprev)/1000.0;
    timeprev = timenow;
    float error = SP − PV;
    float P_TERM = error * Kp;
    I_TERM += Ki * error * dt;
}
```

위의 프로그램에서 적분항을 추가하기 위해 다양한 부가적인 프로그램이 추가되었다. 먼저 적분항을 계산하기 위해서는 측정 시간의 간격을 구해야 하므로 현재 시간과 직전에 측정한 시간 값의 차이를 계산하여 단위를 1초로 맞춘다(나눗셈 1000). 또한 현재 시간 값을 다음 계산에 이용하기 위하여 timeprev 변수를 현재 시간으로 업데이트한다. 여기서 중요한 것은 I_TERM 이라는 변수가 함수 외부에 위치하여 float형 변수로 선언되고 값은 0으로 초기화됐다는 점이다. 적분항은 오차의 누적값을 이용하는 것이므로 함수 내부에 변수가 위치하면 함수를 불러올 때마다 변숫값이 초기화되므로 함수 외부에 위치한 전역 변수(Global Variables)로 선언하여 초기화를 방지하고, PID 제어를 수행할 때마다 과거 값이 유지되어 오차값이 누적된 제어량을 계산할 수 있다. 따라서 I_TERM이라는 적분항 변수는 += 연산에 의해 계속 제어량이 누적된다. 이때 적분 이득 K_i는 제어기 내부에 위치해도 상관없으나 이득의 변화가 없다면 #define 연산자를 이용하여 매크로 상수로 선언하는 것이 실행 속도에 있어서 큰 이득을 가져다준다.

하지만 위의 프로그램으로 적분항이 완벽하게 적용되었다고 볼 수 없다. 앞서 기술한 대로 적분항은 모터와 같은 액추에이터의 물리적 작동 한계를 벗어나는 포화 상태를 일으킬 수 있는데, 이를 방지하기 위해서는 안티 와인드업 기법을 도입해야 한다. 안티 와인드업을 구현하기 위해서는 다양한 방법이 있으나 가장 기본적인 방법은 적분항의 최대 크기를 제한하는 것이다.

다음은 위의 프로그램에 적분항의 최대 크기를 제한한 것이다.

```
float I_TERM = 0;
void PID(float SP, float PV){
    float Kp = 4.5, Ki = 0.05;
    timenow = millis();
    float dt = (timenow – timeprev)/1000.0;
    timeprev = timenow;
    float error = SP – PV;
    float P_TERM = error * Kp;
    I_TERM += Ki * error * dt;
    I_TERM = constrain(I_TERM, –800, 800);
}
```

위의 프로그램은 적분항이 만들어내는 최대 제어량을 제한한 것이다. 아두이노가 기본적으로 지원하는 constrain 함수를 이용하여 적분항의 최대 및 최솟값을 –800에서 800으로 제한하였다. constrain 함수는 if 문을 이용한 함수 구문과 달리 하나의 함수로서 값을 제한할 수 있어 편리하며, 다음과 같은 구조를 지니고 있다.

저장할 변수 = constrain(변수, 최솟값, 최댓값);

위의 식에서는 I_TERM이라는 변수를 최솟값 –800, 최댓값 800으로 제한한 후 이를 다시 I_TERM이라는 변수에 저장하는 기능을 수행한다. 적분항을 추가함으로써 자세 제어의 정밀도는 다소 향상된다. 하지만 적분항을 추가함으로써 기존의 비례항이 가지는 단점인 오버슈트의 생성 문제를 더욱 증폭시키며 정착 시간이 길어져 시스템이 안정화되는 데 걸리는 시간이 길어지는 단점을 가지게 된다. 즉, 제어의 정밀도는 향상되지만, 정밀하게 제어하기 위해서 걸리는 시간이 늘어나며 원하지 않는 큰 폭의 변화를 동반하게 되는 것이다. 이 문제를 해결하기 위해서는 순간적인 큰 변화에 민감하게 반응하는 제어기가 필요하다.

순간적인 변화에 민감한 제어기는 바로 미분 제어기이다. 미분 제어기는 단위 시간당 오차의 변화량을 이용하여 제어량을 산출한다. 만일 드론의 자세가 급격하게 변화되면 오차값이 매우 크게 계산될 것이며 이로 인한 비례 제어기의 제어량의 변화를 제한하는 역할을 수행한다. 미분 제어기를 적용하면 제어 신호에 따른 드론의 반응은 다소 무뎌지나 제어의 진폭, 즉 오버슈트가 크게 줄어들며 빠른 속도로 안정된 값에 수렴하는 것을 볼 수 있다. 드론의 자세 제어에 있어서 미분 제어기의 역할은 적분 제어기보다 더욱 큰 영향을 미친다. 드론이라는 시스템은 공중을 자유롭게 날아다니는 특성상 측풍(Wind Shear), 국소 지역의 난류(Local Turbulent) 등과 같은 외란(Perturbation)에 취약하고 1초당 250번 이상의 자세를 측정하고 제어하는 드론 시스템의 특성상 자그마한 시간당 변화도 급격한 오차값의 변화를 일으키게 된다. 1초당 250번의 자세 제어를 수행할 경우 1번의 제어를 수행하는 데 걸리는 시간은 250Hz의 역수이므로 약 4밀리초 (4ms)이며, 돌풍이나 측풍, 난류로 인해 자세값이 갑자기 0.5도 바뀌었다면 단위 시간당 자세의 변화량은 다음과 같다.

$$\frac{0.5}{4ms} = \frac{0.5}{4/1000s} = \frac{0.5 \times 1000}{4} = 125 \deg/s$$

위의 계산식에 따르면 4밀리초(4ms)의 극히 짧은 순간의 각도 변화도 1초 단위를 기준으로 하였을 때 125도가 변하게 된 것이며 급격하게 자세가 변화했다고 볼 수 있다. 미분 제어기는 이러한 변화를 기반으로 제어량을 산출하며, 보통 비례 제어기와 적분 제어기의 급격한 변화를 방지하는 역할로 사용된다.

위의 PI 제어기에 미분 제어기를 추가하는 방법은 적분 제어기에 비해서 그리 어렵지 않으나 미분 제어기의 특성상 작은 변화에도 민감하므로 이를 적절하게 처리할 수 있는 신호 처리 기법과 알고리즘이 필요하다. PI 제어기에 미분 제어기를 추가한 프로그램은 다음과 같다.

```
float I_TERM = 0;
float _error = 0;
void PID(float SP, float PV){
    float Kp = 4.5, Ki = 0.05, Kd = 0.008;
    timenow = millis();
    float dt = (timenow – timeprev)/1000.0;
    timeprev = timenow;
    float error = SP – PV;
    float P_TERM = error * Kp;
    I_TERM += Ki * error * dt;
    I_TERM = constrain(I_TERM, –800, 800);
    float D_TERM = (error - _error) / dt;
    _error = error;
    u = P_TERM + I_TERM + D_TERM;
}
```

위의 프로그램은 PID 제어기의 가장 기본적인 요소인 비례, 적분, 미분항을 모두 C/C++언어로 구현한 것이다. D 제어기는 측정 단위 시간당 오차의 차이를 계산하여 여기에 미분 이득을 곱하여 제어량을 계산하는 방식으로, 보통 오차값의 변화량을 산출하므로 비례 제어기와 적분 제어기와는 반대로 작동하게 된다. 즉, 비례 및 적분 제어기의 제어량을 감소시키므로 전체적인 시스템을 느리게 할 수 있으며, 과도한 미분 이득의 설정은 시스템의 불안정성을 야기할 수 있다.

PID 제어기에 있어서 미분항은 작은 변화로도 큰 제어량을 만들어 낼 수 있는 만큼 자그마한 오차에도 민감할 수밖에 없다. 미분항의 이런 영향을 가능한 한 최소화하기 위해서는 오차의 계산 값에 포함되고 시간에 의해 증폭된 오차의 오차(Error of Error)의 영향을 줄여야 하며, 미분 제어기와 같이 시간의 변화에 민감한 항은 단기간, 즉 고주파(기간, 즉 주기는 주파수의 역수이다) 측정 자료에 대한 오차가 있다고 간주하여 이를 제거하기 위한 저역 통과 필터(LPF)를 사용한다. 저역 통과 필터를 적용한 PID 제어기는 미분 제어기의 제어량 오차를 감소시킬 수 있다.

여태까지 우리는 아두이노와 C/C++언어를 기반으로 하는 드론의 자세 제어를 위한 PID 제어기를 프로그램으로 구현하였다. 위의 프로그램에서는 적분 제어기의 포화를 억제하기 위한 안티 와인드업 기법을 도입하였으며, 미분 제어항인 D_TERM의 제어 원리를 구현하였고 미분 제어항의 성능을 향상하기 위한 저역 통과 필터의 도입과 그 결과에 대한 가능성을 언급하였다.

안정된 제어 성능을 구현하기 위한 PID 제어기를 설계하여 프로그램을 작성하였지만 안타깝게도 위에서 구현한 PID 제어기를 드론에 직접 적용해보면 비행이 거의 불가능할 것이다.

캐스케이드 제어(Cascade Control)

캐스케이드(Cascade)의 사전적 의미는 '작은 폭포'이다. '캐스케이드'라는 단어가 가지는 의미는 작은 폭포의 원리를 생각하면 간단하다. 보통 폭포는 큰 한 줄기의 물을 쏟아 내는 것이라고 생각할 수 있다. 하지만 쏟아진 물줄기가 언덕을 만나 고인 후 재차 떨어지는 경우에는 커다란 폭포와 달리 비교적 작으므로 '작은 폭포'라고 불릴 수 있다. 이는 캐스케이드의 실질적인 작동 원리와 유사하다고 할 수 있다.

캐스케이드 제어는 시스템 변수(PV)를 설정값(SP)에 근접시키기 위해서 두 가지 이상의 제어기를 사용하는 시스템으로 하나의 제어 시스템에서 나온 제어 값을 다음 제어 시스템에 재차 적용하여 새로운 제어 값을 만드는 제어 시스템이다. 즉, 1차 제어 시스템에서 계산한 제어량을 2차 제어 시스템의 설정값(SP)으로 사용하여 제어 성능의 향상을 추구한다. 캐스케이드 제어기는 1차 제어 시스템에 비해 외부의 영향(외란, Perturbation)에 강하며 더 빠른 속도로 제어를 수행할 수 있고 더 정밀하게 제어할 수 있다. 드론은 3차원 공간을 날아다니면서 주변 공기의 흐름, 충격 등과 같은 외부의 영향이 매우 많으므로 각도를 제어하는 단일 PID 제어기로는 한계가 있다. 드론의 캐스케이드 제어기는 목표 각도, 현재 각도, 현재 각속도를 입력받아 작동한다. 1차 제어기, 즉 외부 제어기는 현재 각도 값과 목표 각도 값을 입력받아 오차를 계산하여 제어량을 산출한 후 이를 2차 제어기로 보낸다. 2차 제어기는 각도의 변화량, 즉 각속도를 이용하여 제어한다. 1차 제어기에서 계산된 제어 값은 목표 각속도로 변환되어 현재의 회전 각속도와의 오차를 계산한다. 이 오차값을 바탕으로 최종 제어량을 계산하여 각 모터로 제어 신호를 보낸다.

이를 블록도로 나타내면 다음과 같다.

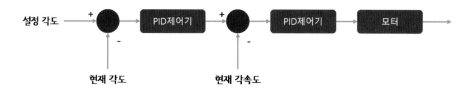

위의 제어기에서 각도 값을 이용하는 제어기는 외부 제어기(Outer Loop)라고 하며 각속도를 이용하는 제어기를 내부 제어기(Inner Loop)라고 한다. 외부 제어기와 내부 제어기는 서로 영향을 미치므로 적절한 이득 값을 찾아내는 것이 다소 어렵다는 단점이 있다.

》》 캐스케이드 제어기 구현하기

캐스케이드 제어는 PID 제어기를 겹쳐 놓은 형태로 쉽게 구현할 수 있다. 단순히 한 개의 PID 제어기에서 나온 결괏값을 다음 제어기에서 설정값(SP)으로 사용하면 되기 때문이다. 이번에는 앞서 구현한 PID 제어기를 이용하여 캐스케이드 제어 함수를 구현할 것이다.

먼저 외부 PID 제어기의 결괏값을 변수에 저장하여 내부 PID 제어기로 전달하는 과정이 필요하다. 이때 프로그램은 다음과 같이 될 것이다.

```
float I_TERM = 0, I_TERM2 = 0;
float _error = 0, _error2 = 0;
void PID(float SP, float PV, float PV2){
    float Kp = 4.5, Ki = 0.05, Kd = 0.008;
    float Kp2 = 0.15, Ki2 = 0.1, kd2 = 0.0004
    timenow = millis();
    float dt = (timenow – timeprev)/1000.0;
    timeprev = timenow;
    float error = SP – PV;
    float P_TERM = error * Kp;
    I_TERM += Ki * error * dt;
    I_TERM = constrain(I_TERM, –800, 800);
    float D_TERM = (error - _error) / dt;
    _error = error;
    float u = P_TERM + I_TERM + D_TERM;
    float error2 = u – PV2;
    float P_TERM2 = error2 * Kp2;
    I_TERM2 += Ki2 * error2 * dt;
    I_TERM2 = constrain(I_TERM2, –500, 500);
    float D_TERM2 = (error - _error) / dt;
    _error2 = error2;
    float output = P_TERM2 + I_TERM2 + D_TERM2;
}
```

드론은 3차원 공간에서 움직이는 물체이므로 X, Y, Z축에 대한 제어를 수행해야 한다. 따라서 위의 PID 제어기는 총 3번 실행되어야 하며, 프로그램 코드를 단순화하기 위해서 배열과 반복문을 도입하여 프로그램을 짜는 것이 좋다. 우리가 만든 캐스케이드 PID 제어기는 가장 기본적인 형태이므로 드론에 실질적으로 적용하기 위해서는 여러 가지 개량이 가해져야 하며, 미분항에 대한 저역 통과 필터를 적용하고 최대 오차값을 제한하거나 PID 제어기가 만들어내는 최대 및 최솟값을 설정하여 신속하고 정확한 제어가 이루어지도록 세부적인 알고리즘을 조절해야한다.

하지만 PID 제어기에 있어 가장 중요한 것은 역시 적절한 이득 값을 찾아내는 것이다. 다음 장에서는 이런 이득 값을 찾아내고 제어기를 최적화하여 보다 나은 성능을 가진 드론의 자세 제어 프로그램을 만들어 볼 것이다.

》》 변수와 제어값의 한계 설정하기

　　PID 제어기는 이론적으로는 시스템을 완벽하게 제어할 수 있다. 실제로 빠른 속도로 목푯값에 도달할 수 있도록 하는 비례 제어기(P Term)와 P 제어기를 보조하여 정확하게 목푯값에 도달하도록 제어값을 만들어내는 적분 제어기(I Term), 순간적인 변화에 저항성을 부여하여 외부의 영향을 최소화시키는 미분 제어기(D Term)의 조합은 빠르고 정확하여 외란을 최소화시킬 수 있어 대부분의 시스템의 요구 제어 성능을 만족시킬 수 있다. 하지만 PID 제어기는 모든 환경에서 적용할 수 있는 만능 제어 시스템이 아니며 특히 비선형 시스템에 적용할 경우 제어 성능이 급격히 떨어진다. 뿐만 아니라 시스템의 거동 한계를 넘어서는 경우 제어가 불가능하며 최악의 경우 시스템 전체가 파괴될 수 있다. 따라서 이를 막기 위하여 안티 와인드업(Anti-Wind Up) 기법 등을 도입하여 PID 제어기에 적용해야 하며 적분 제어기 등으로 인한 시스템 엑추에이터(Actuator)의 포화(Saturation) 등과 같은 문제를 반드시 해결해야만 한다. 이를 해결하기 위해서는 여러 가지 알고리즘이 있지만 가장 이해하기 쉽고 단순한 알고리즘은 제어항이 생성하는 제어값의 한계를 지정하는 것이다. 특히 모터를 실질적으로 제어하는 analogWrite 함수의 경우 입력 가능한 제어값의 범위는 0~255이며, 255를 넘어갈 경우 엑추에이터, 즉 모터는 최대 출력을 낼 것이다. 따라서 드론의 자세를 제어하기 위해서는 PID 제어기가 생성하는 출력값을 제한할 필요가 있으며 적절한 값을 적용해야 한다. 출력값의 제한은 프로그래밍 기법과 알고리즘의 구성에 따라 달라지게 되며 정해진 방법은 없다.

튜닝(Tuning)과 최적화(Optimization)

튜닝(Tuning)이라는 단어의 사전적 의미는 '조율' 혹은 '동조'이다. 자동 제어에서의 튜닝의 뜻도 이와 유사한데, 보통은 PID 제어기와 같은 자동 제어기에서 중요한 역할을 담당하는 이득(Gain)을 조절하는 것을 말한다. PID 제어기에서의 이득은 비례 이득, 적분 이득, 미분 이득이 있으며 튜닝은 이를 적절히 조율하여 원하는 성능을 가지는 PID 제어기를 만드는 과정을 말한다. 적절하게 PID 제어기가 튜닝된 드론은 빠르고 정확하게 원하는 자세를 유지할 수 있다. PID 제어기는 드론의 조종성(Maneuverability)에 큰 영향을 미친다. 올바르게 튜닝되지 않은 제어기를 사용한다면 비행이 불가능할 수 있으며 최악의 경우 파손이나 조종 불능 상황에 빠져 드론을 분실하는 경우가 생길 수 있다.

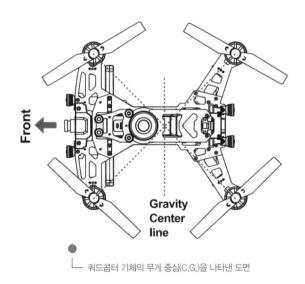

└ 쿼드콥터 기체의 무게 중심(C.G.)을 나타낸 도면

PID 제어기는 기체의 안정성에 영향을 미치는 요소이지만 소프트웨어라는 점으로 인해 하드웨어의 영향을 크게 받는다. 따라서 PID 제어기를 튜닝하기 전에 기체의 물리적 안정성을 확보하는 것이 우선이다. 드론을 비롯하여 비행체를 제어함에 있어서 무게 중심(Center of

Gravity, C.G.)과 공력 중심(Aerodynamic Center, AC)은 중요한 요소이다. 우선 기체의 무게 중심이 기체의 중심과 일치하도록 FCU, 전원 분배 보드 및 배터리와 같은 요소들을 가능한 한 기체의 중심에 위치시켜야 하며 프로펠러 또한 모터의 중심선과 완전히 일치되었는지 확인하고 조금 틀어졌을 경우 밸런스를 맞추어야 한다.

└ 프로펠러의 밸런스를 맞추는 Prop Balancer

위와 같이 하드웨어적으로 균형이 잡혀 있는 드론일 때 PID 제어기의 성능 또한 최상으로 발휘될 수 있으며, 진동과 같이 안정성에 부정적인 영향을 미치는 요소들을 최소화할 수 있다.

PID 제어기의 이득을 튜닝하는 방법은 여러 가지가 있으나 이들의 공통적인 목표는 신속하고 정확한 제어 성능을 얻는 것이다. 가장 기본적인 튜닝 방법으로 실험적 방법에 의한 수동 튜닝 방법이 있다. 수동 튜닝은 실제 비행이나 테스트 지그(Zig)에 드론을 연결시켜 원하는 자세 값으로 수렴하는지, 또 상승 시간과 오버슈트는 얼마나 큰지 측정한 후 세부 이득 값을 조절하는 것이다. 사실 대부분의 완구용 혹은 레이싱 드론에서는 경험과 실험에 의존한 수동 튜닝을 주로 사용한다. 수동 튜닝의 가장 큰 장점은 정밀한 계측을 하기 위한 별도의 장비를 필요로 하지 않으며, 빠른 속도로 이득 값을 튜닝할 수 있다는 점이다. 하지만 경험이 부족하거나 시험할 환경이 구축되지 않으면 택하기 어려운 방법이며, 시험 도중 원하는 제어 성능에 도달하지 못하여 기체가 파손될 확률이 매우 높은 방법이다. 수동으로 PID 제어기의 이득 값을 튜닝하는 절차는 다음과 같다.

1. 비례 이득을 제외한 모든 이득을 0으로 설정한다.

2. 비례 이득을 적절한 값으로 설정한다(예를 들면 $K_p = 4.5$).

3. 드론의 자세가 원하는 각도로 제어되는지 확인한다. 만약 드론의 자세가 매우 느린 속도로 변한다면 비례 이득을 높인다. 혹은 빠르게 움직이지만 진동(Oscillation)이 발생한다면 비례 이득을 낮춘다.

4. 3번 절차를 낮은 속도의 진동이 발생할 때까지 수행한다. 이것은 용인 가능한 정도의 정상상태오차가 발생한 것이다.

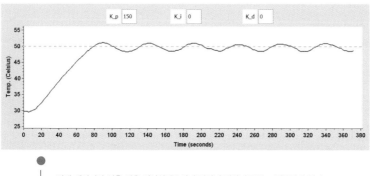

└─ 비례 제어기만 있을 경우 정상상태오차가 남아 수렴하지 못하고 진동하게 된다.

5. 정상상태오차를 제거하기 위해 적분 이득 값을 조정한다. 적분 이득은 시스템의 정착 시간과 오버슈트에 큰 영향을 미치므로 가능한 한 작은 값부터 조절해야 한다.

6. 적분항이 적용되면 오버슈트가 크게 증가하므로 이를 최대한 억제하기 위해 비례 이득 값을 조금 낮추어준다.

7. 6번 단계를 계속 수행하고 시험을 수행하여 정상상태오차가 거의 제거되고 용인 가능한 오버슈트를 가지는지 확인한다.

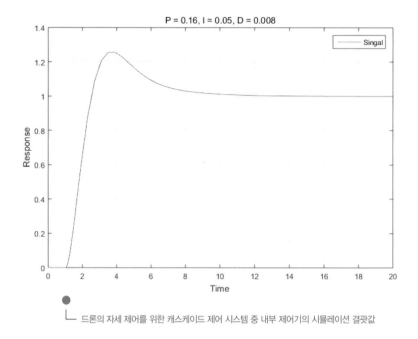

P = 0.16, I = 0.05, D = 0.008

드론의 자세 제어를 위한 캐스케이드 제어 시스템 중 내부 제어기의 시뮬레이션 결괏값

8. 오버슈트를 제거하기 위해 미분 이득을 조절한다. 이때, 값이 크면 시스템이 불안정해지므로 가능한 한 작은 값에서부터 조절해야 한다. 위의 그래프에서 미분 이득이 적용되어 있음에도 불구하고 약 25% 정도의 오버슈트가 발생하였다.

9. 오버슈트가 제거될 때까지 미분 이득 값을 조절한다.

대부분의 드론 시스템은 위와 같은 절차를 통하여 안정된 성능의 PID 제어기 이득 값을 얻을 수 있다. 하지만 경험과 실험에 의존하는 만큼 성능 편차가 매우 크며 안정된 값을 얻는 것이 불가능할 수 있다. 이러한 실패를 방지하기 위해 Ziegler-Nichols Tuning Method라는 기법이 있다. 지글러-니콜스 튜닝 기법은 경험적인(Heuristic) 튜닝 기법이나 비교적 체계적인 기법으로 알려져 있다.

이 기법은 제어기의 종류에 따라서 적용되는 식이 다소 달라지며, 절대 이득(Ultimate Gain) K_u와 진동 주기(Oscillation Period) T_u를 이용하여 P, I, D 이득을 계산한다. Ziegler-

Nichols Method를 이용하여 튜닝을 하고자 한다면 다음과 같은 절차를 진행한다.

1. 비례 이득 K_p를 제외한 적분 이득 K_i, 미분 이득 K_d를 0으로 설정한다.
2. 비례 이득을 낮은 값부터 시작하여 지속적인 진동애 생기고 원하는 제어 값으로 제어가 될 때까지 올려준다. 특히 주기적인 진동이 발생하는지 확인해야 하며, 이 상태의 비례 이득 값을 '절대 이득(Ultimate Gain) K_u'이라고 한다.
3. 절대 이득을 측정하였을 때의 진동 주기 T_u를 측정한다.
4. 다음 표를 참고하여 제어기의 종류별로 비례 이득 K_p, 적분 시간 T_i, 미분 시간 T_d를 계산한다.

구분	K_p	T_i	T_d
P 제어기	$0.5\,K_u$	–	–
PI 제어기	$0.45\,K_u$	$\dfrac{T_u}{1.2}$	–
PD 제어기	$0.8\,K_u$	–	$\dfrac{T_d}{8}$
PID 제어기	$0.6\,K_u$	$\dfrac{T_u}{2}$	$\dfrac{T_u}{8}$

5. 비례 이득 K_p, 적분 시간 T_i, 미분 시간 T_d를 구한 후 다음과 같은 식을 통하여 적분 이득 K_i, 미분 이득 K_d을 계산한다.

$$K_i = \frac{K_p}{T_i}$$
$$K_d = K_d T_d$$

Ziegler-Nichols Method는 한계 감도법이라고도 불리는데, 이 방법은 시스템의 수학적 특성을 모른다고 하더라도 쉽게 이득을 구할 수 있어 널리 사용되는 방법이다.

이외에도 과도 응답법, 주파수 응답법 등이 있으나 비교적 정밀한 그래프를 작성하여 분석해야 하므로 각종 신호 데이터를 수집할 수 있는 DAQ(Data AcQuisition) 장비를 필요로 한다.

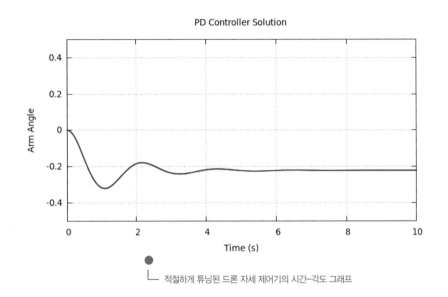

적절하게 튜닝된 드론 자세 제어기의 시간-각도 그래프

Part 4

비행 제어 소프트웨어

항공전자(AVIONICS)

└ 항공전자의 급격한 발달로 그 중요성이 날로 커지고 있다. 위의 사진은 C-130 수송기의 디지털화된 칵핏(Cockpit)

　항공기의 각종 움직임을 제어하는 것은 다양한 항공전자(AVIONICS)의 도움으로 인해 가능하다. 항공전자라는 단어는 항공기를 의미하는 AVIATION의 앞글자와 전자장치를 의미하는 ELECTRONICS의 뒷글자를 합쳐 만든 단어이다. 비록 다양한 항공기는 항공전자 장비의 도움 없이도 비행할 수 있지만, 항공기가 대형화되고 다양한 기능을 갖게 되면서 더 이상 컴퓨터의 도움 없이는 비행을 하기 힘들게 되었다. 20세기 초반에 최초로 등장한 유인 동력 항공기는 이러한 항공전자 장비가 거의 탑재되지 않았으며 민간 용도로 쓰이기보다는 전쟁 시 적의 동태를 감시하는 정찰기로 쓰였으므로 통신을 위한 무전기, 카메라 등만이 탑재되어 사용되었다. 1960년대 들어 본격적인 제트기 시대가 도래하면서 항공전자 장비의 중요성이 매우 커졌다. 이 때부터 항공전자 장비는 비행의 안정성과 원활한 운영을 위해 필수적으로 탑재되기 시작하였으며, 가장 좋은 예가 제트 엔진의 상태를 실시간으로 측정하고 최적의 작동 성능을 유지할 수 있도록 도와주는 FADEC라고 할 수 있다. FADEC는 Full Authority Digital Engine Control 의 약자로 전자식 통합 엔진 제어 시스템이라고 할 수 있다. FADEC는 제트 엔진의 연료 효율 향상, 엔진의 비정상적인 상태 감지, 정밀 추력 조정 등을 담당하며 FADEC로 인하여 제트 엔 진을 탑재한 항공기의 안정성이 극적으로 향상될 수 있었다. 현대에 들어서서 항공전자 장비의 중 요성은 동체, 엔진에 비견될 정도가 되었다. 안개로 인해 시정이 확보되지 않는 경우에도 안전 하게 자동 착륙할 수 있는 계기 착륙 장치(Instrument Landing System, ILS)는 대표적인 항 공전자 장치이다. 지상이나 산과의 충돌을 방지하는 지상 근접 경보 장치(Ground Proximity Warning System, GPWS)를 비롯하여 위성 항법 장치(GNSS), 관성 항법 장치(INS) 등등 다 양한 장비가 있다.

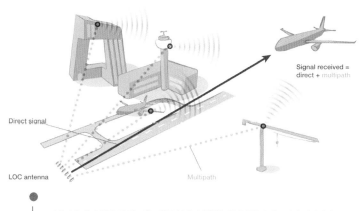

여객기의 계기 착륙 장치(ILS)는 착륙 실패의 위험을 현저히 줄여주는 전자 장치이다.

드론은 특히 항공전자 장치의 중요도가 매우 높은 편에 속한다. 드론이 비행하기 위해서는 초당 수백 번의 속도로 자세를 측정하여 각종 모터를 제어해야 하며 이는 사람이 수행할 수 없는 일이므로 전적으로 컴퓨터가 담당하게 된다. 드론에 있어서 가장 핵심인 항공전자 장치는 비행 제어 컴퓨터(Flight Computer, FC)일 것이다. 비행 제어 컴퓨터는 드론의 비행에 필요한 각종 계산을 수행하며 조종자의 명령을 수신하고 비행체의 상태를 관찰하여 조종사에게 송신할 뿐만 아니라 모터를 제어하여 원하는 방향대로 움직일 수 있도록 하는 가장 중요한 장치라고 할 수 있다. 드론의 비행 제어 시스템은 관성 측정 장치 모듈(Inertial Measurement Unit, IMU), 위성 항법 장치(Global Navigation Satellite System, GNSS) 모듈, 모터 제어 유닛(Motor Control Unit), 배터리 관리 시스템(Battery Management System, BMS), 임무 컴퓨터(Mission Computer) 모듈로 구성되어 있다.

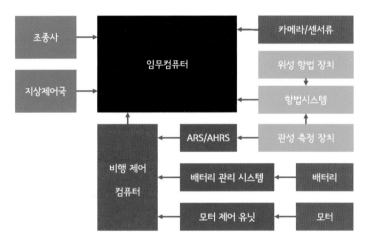

》 임무 컴퓨터(Mission Computer)

드론에 사용되는 임무 컴퓨터는 비행과 관련된 것 이외의 계산이나 작업을 수행하는 소형 컴퓨터 시스템을 말한다. 따라서 임무 컴퓨터가 없더라도 비행을 할 수 있으나 드론이 할 수 있는 다양한 작업을 할 수 없어 단순히 날아다닐 수 있는 비행체로만 사용할 수 있다. 임무 컴퓨터의 주된 용도는 사용자의 명령을 수신하여 비행 제어 시스템으로 전달하며 드론의 각종 상태와 주위 환경을 파악하여 조종사나 지상 제어국(GCS)에 송신한다. 또 카메라를 비롯한 각종 센서를 제어하거나 정보를 수집하여 원하는 임무를 수행할 수 있도록 하며 주위 장애물을 인식하여 회피하거나 지정한 곳들을 경로 비행하는 웨이 포인트 비행(Way Point)을 할 수 있게 하는 항법 시스템을 구동하는 것과 같이 고차원적인 작업을 수행한다. 따라서 비행 제어 시스템에 비해서 고성능의 메인 프로세서와 큰 용량의 저장 장치, 이를 관리하고 제어할 수 있는 운영 체제를 필요로 한다.

》》 모터 제어 유닛(Motor Control Unit)

대부분 드론은 모터를 이용하여 추진력과 양력을 얻는다. 모터는 전기 에너지를 기계적인 운동 에너지로 바꾸어주는 장치로서 전원의 종류와 작동 방식에 따라서 여러 가지 종류가 있으며 이에 따라 회전 속도와 힘을 제어하는 방법이 다르다. 드론에 사용되는 가장 대표적인 모터는 직류 모터와 브러시리스 직류 모터가 있다. 직류 모터는 DC 모터라고도 불리며 직류를 의미하는 Direct Current의 약자이다. DC 모터는 구조가 간단하여 가격이 저렴하고 전압에 따라서 회전 속도가 달라지므로 제어하기가 쉬우며 모터를 제어하기 위한 전기 회로도 간단하여 전체 모듈의 가격이 저렴하다는 장점이 있다. 하지만 DC 모터는 다음의 그림과 같은 구조를 가지고 있으며 내부의 정류자(Commutator)와 브러시(Brush)가 서로 접촉하고 있어 회전할 때 마찰로 인해 브러시의 마모가 발생하고 이로 인해 모터의 수명이 짧아진다. 뿐만 아니라 브러시와 정류자의 마찰로 인한 마찰열의 발생으로 인하여 전기 에너지가 온전히 회전 에너지로 전환되지 못하여 효율이 떨어지는 단점이 있다.

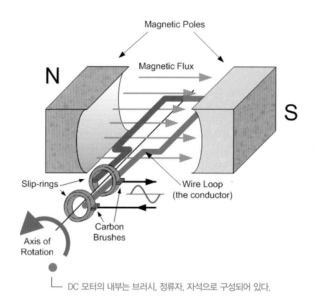

└ DC 모터의 내부는 브러시, 정류자, 자석으로 구성되어 있다.

　브러시리스 모터는 이러한 단점을 대부분 해결한 모터로서 최근 드론에 널리 사용되고 있다. 브러시리스 모터는 BLDC(Brushless DC Motor) 모터라고도 불리며 이름처럼 브러시가 없는 구조로 되어 있다. 브러시가 없으므로 마찰열이 발생하지 않아 에너지의 변환 효율이 대폭 높아졌으며, 브러시의 마모도 발생하지 않아 반영구적인 수명을 가지고 있다. 또한 전류를 흘려주는 만큼 회전력(토크)이 강해지는 특성을 가지고 있어 작은 크기를 가지면서도 고성능을 구현할 수 있다. 이러한 다양한 장점을 가지고 있음에도 불구하고 극히 간단한 구조를 가지고 있다. 하지만 그만큼 DC 모터에 비해 가격이 매우 비싸다는 단점을 가지고 있어 신뢰성이 높고 작고 가벼우면서도 뛰어난 성능을 필요로 하는 곳에 쓰이고 있다. 브러시리스 모터의 구조는 다음과 같다.

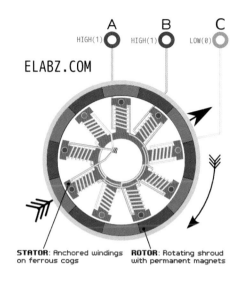

BLDC 모터의 내부 구조. 회전자(ROTOR)와 고정자(STATOR)로 이루어져 있다.

위의 두 가지 모터의 구조와 작동 방식이 서로 다르므로 다른 제어 방식을 적용해야 한다. DC 모터의 경우 트랜지스터와 다이오드로 구성되는 DC 모터 드라이버 회로를 필요로 하며 MCU의 PWM 신호의 듀티비(Duty Ratio)에 따라 회전 속도가 달라진다. 하지만 BLDC 모터의 경우 회전 속도를 제어하기 위해서는 다소 복잡한 회로가 필요하다. 보통 드론은 +극과 −극을 가지는 직류(DC) 전원이 공급되는 데 반해 BLDC 모터는 3개의 극성을 가지고 있다. 따라서 이를 변환하여 순서대로 각 전선에 전원을 공급해야 한다.

모터 제어 유닛은 DC 모터와 BLDC 모터에 따라 서로 다른 방식으로 작동되지만, 두 가지의 모터를 혼용해서 주 동력기로 사용하는 경우는 거의 없으므로 보통 1세트의 모터 제어 유닛이 사용된다. DC 모터를 다루는 모터 제어 유닛은 구조가 간단하므로 크기가 작고 가벼우며 가격이 저렴하지만 BLDC 모터를 다루는 모터 제어 유닛은 복잡한 회로를 가지고 있으므로 모터 제어 유닛의 가격 또한 비교적 비싸다.

》 배터리 관리 시스템(Battery Management System, BMS)

　배터리 관리 시스템은 드론에 널리 쓰이는 리튬 폴리머, 리튬 이온 배터리의 상태를 관리하고 충전하거나 방전할 때 안전하게 사용할 수 있도록 하는 모듈이다. BMS 모듈은 드론뿐만 아니라 리튬 계열의 배터리를 이용하는 대부분의 장치에 포함되어 있는데 이는 리튬 계열의 배터리는 충전 전압과 방전 전압에 민감할 뿐만 아니라 비정상적인 사용 시 폭발이나 화재의 위험이 매우 크기 때문이다. 특히 드론은 작은 크기에 높은 밀도의 전력이 저장되어 있는 배터리를 사용하므로 이러한 위험이 더욱 크다. 따라서 안전한 사용을 위해 배터리의 전압, 전류, 온도 등을 실시간으로 측정하고 위험 범위를 넘지 않도록 제어하는 역할을 하는 BMS가 필수로 장착된다.

└ 배터리 보호 기능을 수행하는 BMS 모듈

》 관성 측정 장치(Inertial Measurement Unit, IMU)

　관성 측정 장치는 드론이 비행하는 데 있어서 가장 기본적이고 중요한 정보를 제공하는 모듈이다. 관성 측정 장치에서 측정된 각종 관성 자료는 비행 제어 컴퓨터나 ARS/AHRS 모듈로 제공되어 드론의 자세를 측정하거나 추정하는 용도로 사용되며, 임무 컴퓨터로 전달되어 출발점에서부터 추산한 자기 자신의 위치를 계산하는 관성 항법 장치(Inertial Navigation System, INS)로 사용된다. 관성 측정 장치는 비행 제어 시스템의 근간을 이루는 장치이므로 드론을 비롯한 각종 항공기, 우주선 및 미사일 등에 널리 쓰이고 있다.

위의 블록도는 IMU 센서로부터 드론의 자세값과 방위 값을 추정하는 AHRS 모듈을 나타낸 것이다. 이때 IMU는 블록도 왼쪽에 위치한 가속도 센서, 자이로 센서, 지자기 센서라고 할 수 있다.

》》 위성 항법 장치(Global Navigation Satellite System, GNSS)

항법(Navigation)이란 자기 자신의 위치와 속도, 방향 등을 알아내는 방법을 총칭하는 말이다. 지구상에서 자기 자신의 위치를 측정하는 방법은 여러 가지가 있다. 먼저 태양의 방향과 고도를 측정하여 자기 자신의 위치를 계산할 수 있으며, 드론 내부에 탑재된 관성 센서를 미분 및 적분하여 출발 지점에서의 위치 정보를 기반으로 현재 위치를 추정할 수 있다. 이 방법은 관성 항법 장치라고 불리며 가장 많이 쓰이는 항법 체계이다. 하지만 적분과 미분을 사용하는 시스템은 필연적으로 오차가 누적될 수밖에 없으며 단거리, 단시간 사용에는 큰 이상이 없을 수 있으나 장거리, 장시간 사용 시 오차가 누적되어 위치를 정확하게 측정할 수 없게 된다. 이를 해결하기 위해서는 외부의 도움을 받아 자기 자신의 위치를 끊임없이 보정해야 하며 전 지구적으로 작동하기 위해서는 지구 밖에서 위치 정보를 제공할 수 있는 장치가 필요하다. 항법 시스템 중에서 인공위성(Artificial Satellite)을 이용한 것을 특별히 위성 항법 장치(GNSS)라고 부르며 대표적으로 미국의 GPS, 러시아의 GLONASS, 유럽의 갈릴레오, 중국의 베이더우 시스템이 있다.

수십 개의 인공위성으로 구성된 GPS 시스템

비행 제어 유닛(FCU) 구조

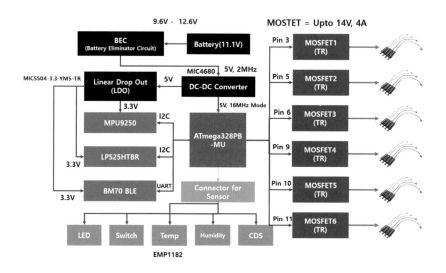

보통 위성 항법 장치는 지구상에서 정확한 위치와 고도를 측정할 수 있는, 신뢰성이 뛰어난 고성능 시스템이지만 주 항법 장치로 사용하기엔 치명적인 단점이 몇 가지 있다. 가장 큰 문제는 갱신 주기가 느리다는 것이다. 위성 항법 장치는 지구상의 위치와 고도, 현재 시간을 알고 있는 인공위성 3기를 기반으로 하는 삼각 측량 방식에 의하여 정확한 위치를 측정하며, 위성이 많아질수록 더욱 정확하게 위치를 측정할 수 있다. 하지만 수천 킬로미터 상공에 있는 인공위성의 신호를 받아 위치를 계산하므로 갱신 주기가 느릴 수밖에 없으며, 미국의 GPS의 경우 초당 1회 (1Hz)에서 10회(10Hz)까지의 갱신 주기를 가지고 있다. 이는 고속으로 움직이는 비행체에 있어서 큰 문제가 될 수 있는데, 마하 0.9의 속도로 비행하는 상용 여객기의 경우 1초간 약 300m 정도 움직이므로 짧은 순간의 위치를 거의 알 수 없다. 따라서 위성 항법 장치는 보통 빠른 속도로 갱신하는 것이 가능하지만 정밀도가 상대적으로 떨어지는 INS와 함께 사용된다.

위와 같이 다양한 항공전자 모듈이 드론을 비행시키기 위해 사용되고 있다. 항공전자 모듈은 그 자체로 드론이라고 할 수 있을 정도로 중요한 역할을 하고 있으며, 또 가장 신경을 써서 개발해야 하는 부분이기도 하다. 하지만 항공전자 시스템은 단순히 전기 회로만으로 작동하지 않는다. 하드웨어를 적절하게 잘 사용하기 위해서는 잘 짜인 소프트웨어를 반드시 필요로 하기 때문에 항공전자 시스템의 핵심 요소는 하드웨어보다는 소프트웨어라고 할 수 있다. 소프트웨어의 성능에 따라 드론의 비행 성능이 크게 달라지며 운영 비용과 정비 비용도 크게 절감할 수 있다. 비유하자면 전기 회로가 커다란 빌딩이라면 소프트웨어는 내부를 구성하는 인테리어라고 할 수 있다. 내부 인테리어에 따라 빌딩의 사용 용도가 바뀌기 때문이다.

실제로 드론에 있어서도 소프트웨어의 중요성은 아무리 강조해도 지나치지 않다고 할 수 있다.

비행 제어 소프트웨어(Flight Control Software)는 항공전자 시스템에 탑재되어 자세를 제어하거나 원하는 위치로 이동시키는 등의 역할을 수행하는 소프트웨어의 집합이라고 할 수 있다. 비행 제어 소프트웨어는 탑재되는 모듈에 따라서 실행 목표가 달라지므로 각각 다르게 프로그래밍되며 각 모듈에 탑재되는 소프트웨어의 상호 호환성이 대단히 중요하다. 예를 들면 비행 제어 유닛은 기체의 자세 정보를 바탕으로 각 모터의 제어량을 계산하여 이를 모터 제어 유닛에 전달하고 모터 제어 유닛은 이 신호를 읽어 들여 모터를 제어할 것이다. 만약에 이들 소프트웨어 간의 호환성이 없거나 부족하다면 제어가 불가능할 것이며 호환성이 부족할 경우 오작동이나 원하지 않은 결과를 도출할 수 있다. 뿐만 아니라 공중에서 움직이는 물체인 만큼 추락 시에는 큰 인명 피해나 물적 피해를 야기할 수 있으므로 신뢰성이 매우 중요하다. 따라서 가능한 한 보수적으로 소프트웨어를 제작해야 하며 개발이 완료되었다고 하더라도 이를 인증하고 시험할 수 있는 방법을 개발해야 한다. 항공용 소프트웨어에 있어서 대표적인 인증 · 시험 기법은 DO-178이 있다.

완구용 드론과 같이 저렴한 비용에 획득 · 운영할 수 있는 수준의 드론에서는 비행 제어 소프트웨어가 크게 복잡하지 않고 하나로 통합된 형태를 띠고 있다. 하지만 비싸고 복잡한 상업용 대형 드론에 적용되는 소프트웨어와 같은 기능을 수행하며 심지어는 더 많은 기능을 수행할 수 있다. 상업용 드론과 완구용 소형 드론의 비행 제어 소프트웨어의 가장 큰 차이는 앞서 말한 신뢰성이라고 할 수 있다. 값비싼 상업용 드론은 드론 그 자체의 가격도 비교적 비싸므로 추락하지 않도록 하는 것이 매우 중요하며 따라서 2중, 3중 제어 시스템을 구현하여 안전성을 확보하고 있다. 따라서 저가의 완구용 드론과 달리 더욱 비싼 가격이지만 제한된 기능을 가지고 있는 이유도 이 때문이다. 하지만 구조적으로는 비슷하며 여기에 신뢰성을 위한 알고리즘이 적용되어 있는 점이 차이점이다.

이처럼 드론의 가격, 임무, 사용 환경 등에 따라 비행 제어 소프트웨어가 달라진다. 하지만 기본적인 구조는 서로 유사하다고 할 수 있는데, 이는 자세를 읽어 들이고 이를 이용해서 모터의 제어량을 계산하여 모터를 구동시켜 자세를 제어하는 공통된 목적을 가지고 있기 때문이다.

》》 비행 제어 소프트웨어의 구조

드론의 비행 제어 시스템은 자세 추정 모듈, 모터 제어 모듈, 통신 모듈, 자동 제어 모듈로 나눌 수 있다. 자세 추정 모듈은 ARS/AHRS의 역할을 하는 것으로 신뢰성 목표에 따라 별도로 분리되어 ARS/AHRS 모듈로 사용될 수 있다. 모터 제어 모듈은 앞서 언급하였던 바와 같이 모터의 종류에 따라 달라지며, 보통 비행 제어 유닛에 포함되어 있다. 통신 모듈을 탑재하는 비행 제어 유닛은 별도의 임무 컴퓨터가 없는 경우이며, 이때 블루투스, Wi-Fi 등을 비롯한 무선 통신 모듈이 탑재되어 이를 사용하기 위한 별도의 소프트웨어를 필요로 한다. 자동 제어 모듈은 추정된 자세값을 바탕으로 모터의 제어량을 결정하기 위한 것으로서 자세 추정 모듈과 함께 중요한 역할을 하고 있는 모듈이다. 보통 PID 제어기를 소프트웨어로 구현하여 사용하며 이득 값의 적절한 튜닝을 통하여 안정적인 비행 성능과 특성을 얻기 위함이다.

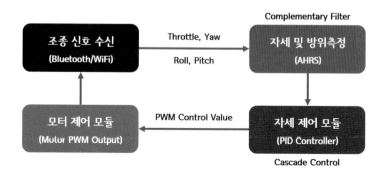

비행 제어 소프트웨어를 구현하기 위해서는 먼저 실행 순서에 대해 이해해야 한다. 드론의 비행을 제어하기 위해서는 우선 조종사의 명령을 받아들일 필요가 있다. 조종사의 명령을 수신하는 것은 통신 모듈이 하는 일이며 무선 조종기의 명령 신호를 읽어 들이는 소프트웨어 모듈을 실행시켜 조종사의 명령을 임시 지장한다. 조종사의 자세 제어 명령을 수신하였다면 현재의 자세와 비교하여 모터의 제어량을 계산해야 하는데 이때 현재의 자기 자신의 자세를 알아야 한다.

자기 자신을 추정하는 것은 ARS/AHRS 모듈이므로 외부의 ARS/AHRS 모듈에서 생성된 자세값을 읽어 들이거나 외부 모듈이 없을 경우 자체적으로 자세값을 추정하는 알고리즘이 내장된 모듈을 실행시켜 자세값을 받아들여야 한다. 조종사의 명령과 현재 자세값을 모두 성공적으로 받아왔다면 이제 이를 비교하여 모터의 제어량을 결정하는 자동 제어 모듈을 실행시켜 제어량을 계산하는 작업을 수행해야 한다. PID 제어기를 거쳐 적절한 제어량이 계산되었다면 이제 모터를 실질적으로 구동하는 모터 제어 유닛으로 계산된 제어량을 보내 모터를 실질적으로 구동시킨다. 이 모든 과정을 1초당 250번 이상 수행해야 안정적으로 비행할 수 있으므로 가능한 한 연산 속도를 빠르게 하는 최적화 과정을 거친다.

위의 네 가지 과정을 수행하기 위해서는 각각 소프트웨어를 필요로 한다. 만약 이 네 소프트웨어를 한 곳에다 몰아둔다면 프로그램 코드가 비교적 복잡하게 되어 오류가 발생했을 때 쉽게 수정할 수 없고 유지·보수가 매우 힘들 것이다. 따라서 모듈 프로그래밍(Module Programming)이라는 개념이 등장하게 되었다. 모듈 프로그래밍이란 특정한 기능을 수행하는 함수를 프로그래밍하여 비슷한 기능을 하는 함수를 별도의 파일에 모아두어 필요할 때마다 주 프로그램에 포함(Including)시켜 프로그램을 다시 작성하지 않아도 쉽게 사용할 수 있도록 프로그램을 만드는 것이다. 즉, 라이브러리와 비슷한 개념이라고 할 수 있다. 위의 네 가지 기능은 서로 독립적이고 단독으로 작동해야 하므로 각각의 모듈로 간주할 수 있으며 이를 모듈화한 프로그램은 다음과 같은 구조를 가질 수 있다.

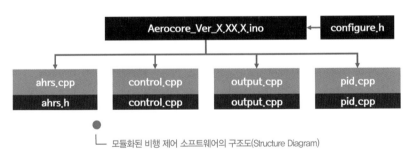

모듈화된 비행 제어 소프트웨어의 구조도(Structure Diagram)

위의 구조도에서 메인 프로그램은 Aerocore_Ver_X.XX.X.ino라는 파일에 저장되어 있으며, configure.h라는 헤더 파일을 통하여 각종 기능을 개발자가 원하는 대로 설정할 수 있다. 메인 프로그램에는 총 4개의 하부 프로그램이 있는데, 왼쪽부터 각각 자세 제어 모듈, 블루투스 통신 모듈, 모터 제어 모듈, 자동 제어 모듈이다. 이들 모듈은 모두 메인 프로그램에 삽입하여 사용되며 하나의 주 프로그램에서 네 개의 모듈에 포함된 기능을 모두 사용할 수 있다. 물론 각각의 프로그램이 가지고 있는 함수의 사용 방법은 다소 다르므로 함수별로 사용 방법을 정리한 데이터 시트가 있어야 각 모듈을 사용할 수 있음은 자명하다.

비교적 저성능 프로세서를 사용하는 아두이노를 이용하여 드론을 제어하기 위해서는 이들 모듈의 기능이 저성능 프로세서에 맞게 최적화되어 있어야 한다. 따라서 각각의 모듈에 대해 다양한 알고리즘이 적용되며 특히 신호 처리와 자동 제어 모듈에 있어서 최적화는 가장 중요한 요소라고 할 수 있다. 하지만 우리가 지금까지 공부한 자세 추정 시스템과 자동 제어 이론으로도 충분히 드론을 비행시킬 수 있다. 다음 장에서는 우리가 배운 이론과 프로그래밍 기법을 이용하여 드론의 자세를 제어하는 프로그램을 만들 것이다.

비행 제어 소프트웨어 제작하기

　지금까지 우리는 기초적인 C/C++언어와 아두이노의 사용법을 공부하였다. 또한 드론에 사용되는 자세 추정 시스템의 원리와 구현 방법을 공부하고 실습하였으며, 계산한 자세값을 바탕으로 원하는 자세를 유지하기 위한 모터의 제어량을 구하는 자동 제어기를 공부하고 구현하였다. 따라서 우리는 이제 드론의 비행 제어 소프트웨어를 제작할 수 있는 기본적인 배경 지식을 얻었으며 이번에는 이를 한데 모아 드론의 비행을 제어할 수 있는 소프트웨어를 직접 개발하고자 한다.

　우리가 작성할 비행 제어 소프트웨어는 모듈화 프로그래밍 기법을 적용할 것이며 아두이노 나노와 가속도 센서와 자이로스코프 센서를 사용하여 ARS 모듈을 구현하고 캐스케이드 제어기를 적용하여 일반 DC 모터를 제어할 것이다. 또 별도의 조종기 없이 블루투스 모듈과 스마트폰을 이용하여 드론을 제어할 것이다.

　우리가 제작할 드론의 세부 스펙은 다음과 같다.

【제작할 드론의 하드웨어 성능표】

비행 제어 유닛(FCU)	Educopter NANO FCU
배터리(Battery)	리튬 폴리머(Li-Po) 1셀 3.7V 400mAh
모터(Motor)	8.5mm × 20mm 8.16W × 4개 = 32.64W
내장 센서(Sensor)	MPU6050 6-Axis Motion Sensor × 1 LPS25H Pressure/Altitude Sensor × 1
크기(Dimension)	130mm(L) × 130mm(W) × 38mm(H)
무게(Weight)	57.2g ± 0.5g
비행시간(Flight Time)	약 6분
크기	36mm × 36mm × 12mm(Bluetooth Jumper 포함)
무게	7.6g ± 0.5g
MCU	AVT ATmega328P-MU(TQFN) 16MHz @5V
작동 전압	2.7V(Reset) - 5.5V(Maximum)

소모 전력	0.6W(5V, 120mA)
무선 통신	Bluetooth 4.0 Low Energy(HM-11 Module) -85dBm
내장 센서	• 3-axis Accelerometer - ±2g, ±4g, ±8g, ±16g • 3-axis Gyroscope - 250DPS, 500DPS, 1000DPS, 2000DPS
소프트웨어 지원	• Arduino Nano 부트로더 지원 • Aerocore™ 비행 제어 펌웨어 지원 • Educopter Controller App 지원(Andorid, iOS) • AVR ATmel Studio 7.0 지원

FCU는 3축 가속도 센서와 3축 자이로스코프 센서가 통합되어 있으며 블루투스 저에너지 모듈이 포함되어 별도의 통신 모듈을 사용할 필요가 없는 EDUCOPTER Nano FCU를 사용하였다. 해당 모듈은 최대 6개의 모터를 제어할 수 있어 헥사콥터까지 제어할 수 있지만, 이번에는 4개의 모터를 사용하는 쿼드콥터만 제작할 것이다. 기본적으로 쿼드콥터와 헥사콥터의 제어 원리는 같으므로 프로그램을 조금 수정한다면 헥사콥터를 제작할 수 있다.

▶▶ 자세 측정 모듈 구현하기

자세 측정 모듈은 방위의 측정 유무에 따라 ARS/AHRS로 나뉜다. 방위를 측정하기 위해서는 지자기 센서가 필요하지만 이번 실습에서는 지자기 센서를 포함하지 않으므로 ARS 모듈만 제작할 것이다. ARS 모듈을 구현하기 위해 사용하는 센서는 InvenSense 사의 MPU-6050 MEMS 센서이며, I2C 통신을 사용하여 데이터를 송수신한다.

MPU-6050 센서를 사용하여 구현한 ARS 모듈 프로그램은 다음과 같다.

예제 #1. ARS 모듈 프로그램

```
void _MPU6050::Initialize(){
  Wire.begin();
  TWBR = ((F_CPU / 400000L) - 16) / 2;

  writeData(PWR_MGMT_1, 0x10);
  writeData(INT_ENABLE, 0x00);
  delay(200);
```

```
writeData(FIFO_EN, 0x00);
writeData(USER_CTRL, 0x00);
writeData(CONFIG, DLPF_4);
writeData(SMPLRT_DIV, 7);
writeData(GYRO_CONFIG, GYRO_2000DPS);
writeData(ACCEL_CONFIG, ACCEL_2G);
writeData(PWR_MGMT_1, 0x04);

// Calibrate Static Error of Gyroscope
mean();

// Get Initial Estimated Gravity Vector
// Normalize Initial Estimated Vector
normACC(meanAccelX, meanAccelY, meanAccelZ);

ex = normX;
ey = normY;
ez = normZ;

Serial.print(ex);Serial.print("\t");
Serial.print(ey);Serial.print("\t");
Serial.println(ez);

Serial.println("IMU Ready");
Serial.println("AHRS Initialized");
}

void _MPU6050::getGyro(){
  Wire.beginTransmission(ADDR);
  Wire.write(GYRO_XOUT_H);
  Wire.endTransmission(false);
  Wire.requestFrom(ADDR, 6, true);
  gx = Wire.read() << 8 | Wire.read();
  gy = Wire.read() << 8 | Wire.read();
  gz = Wire.read() << 8 | Wire.read();
  gx -= meanGyroX;
  gy -= meanGyroY;
  gz -= meanGyroZ;
}

void _MPU6050::getAccel(){
```

```
Wire.beginTransmission(ADDR);
Wire.write(ACCEL_XOUT_H);
Wire.endTransmission(false);
Wire.requestFrom(ADDR, 6, true);
ax = Wire.read() << 8 | Wire.read();
ay = Wire.read() << 8 | Wire.read();
az = Wire.read() << 8 | Wire.read();
}

void _MPU6050::compute(){

timenow = millis();
dt = (timenow - timeprev)/978.;

// Get Raw Motion Data
getAccel();
getGyro();

gyroSmoothing(dt);

gx *= DEG2RAD;
gy *= DEG2RAD;
gz *= DEG2RAD;

// Normalize Accelerometer Data

ax -= meanAccelX;
ay -= meanAccelY;
az = (az - meanAccelZ) + 16384.;
normACC(ax, ay, az);

// Calculate deltaAngle
ex = ex + (ey*gz - ez*gy)*dt;
ey = ey + (ez*gx - ex*gz)*dt;
ez = ez + (ex*gy - ey*gx)*dt;

// Apply Complementary Filter
// Apply when |a| - 1 < 0.15 to eliminate other forces
if((abs(_norm)/16384.) - 1 <= 0.15) {
  ex = AA * ex + (1 - AA) * normX;
  ey = AA * ey + (1 - AA) * normY;
```

```
    ez = AA * ez + (1 - AA) * normZ;
  }

  // Convert
  attitude[0] = atan2(ey, sqrt(ex*ex + ez*ez)); // ROLL
  attitude[1] = atan2(-ex, ez); // PITCH

  // Calculate Euler Rates
  rate[0] = gx + (gy * attitude[0]*attitude[1]) + (gz * (1 - (attitude[0]*attitude[0]) / 2) *
attitude[1]);
  rate[1] = gy * (1 - ((attitude[0]*attitude[0])/2)) - gz * attitude[0];
  timeprev = timenow;
  }
```

⫸ 캐스케이드 제어 모듈 구현하기

캐스케이드 제어기는 PID 제어기를 중첩하여 사용하므로 자세 측정 모듈에 비하여 비교적 구조가 간단하다. 하지만 미분항으로 인한 불안정성을 제거하기 위하여 저역 통과 필터가 적용되어야 하며 적분항의 제어량을 제한하여 제어기가 포화 상태가 되지 않도록 제한해야 한다.

드론의 자세 제어를 위한 캐스케이드 제어기는 다음과 같다.

#예제 2. 자동 제어 모듈 프로그램

```
#include "pid.h"
#include "configure.h"

void PID::Initialize(){
  timeprev = millis();
  #ifdef QUADX
    KP[0] = 5.2;
    KP[1] = 5.2;
    KP[2] = 5.2;
    KI[0] = 0;
    KI[1] = 0;
    KI[2] = 0;
    KD[0] = 0.02;
```

```cpp
    KD[1] = 0.02;
    KD[2] = 0.02;
 #endif
 #ifdef HEXA
    KP[0] = 4.2;
    KP[1] = 4.2;
    KP[2] = 4.2;
    KI[0] = 0.02;
    KI[1] = 0.02;
    KI[2] = 0.02;
    KD[0] = 0.005;
    KD[1] = 0.005;
    KD[2] = 0.005;
 #endif
}

void PID::Trimming(int16_t* VALUE_TRIM){
    TRIM[0] = VALUE_TRIM[0];
    TRIM[1] = VALUE_TRIM[1];
 }

void PID::SetRollGain(float kp, float ki, float kd){
  KP_RATE[0] = kp;
  KI_RATE[0] = ki;
  KD_RATE[0] = kd;
}

void PID::SetRollLimit(float error_limit, float stab_i_limit, float output_limit){
  LIMIT_ANGLE_ERROR[0] = error_limit;
  LIMIT_I_RATE[0] = stab_i_limit;
  LIMIT_OUTPUT[0] = output_limit;
}

void PID::SetPitchGain(float kp, float ki, float kd){
  KP_RATE[1] = kp;
  KI_RATE[1] = ki;
  KD_RATE[1] = kd;
}

void PID::SetPitchLimit(float error_limit, float stab_i_limit, float output_limit){
  LIMIT_ANGLE_ERROR[1] = error_limit;
```

```cpp
  LIMIT_I_RATE[1] = stab_i_limit;
  LIMIT_OUTPUT[1] = output_limit;
}

void PID::SetYawGain(float kp, float ki, float kd){
  KP_RATE[2] = kp;
  KI_RATE[2] = ki;
  KD_RATE[2] = kd;
}

void PID::SetYawLimit(float error_limit, float stab_i_limit, float output_limit){
  LIMIT_ANGLE_ERROR[3] = error_limit;
  LIMIT_I_RATE[2] = stab_i_limit;
  LIMIT_OUTPUT[2] = output_limit;
}

void PID::compute(int16_t* ANGLE_TARGET, int32_t* ANGLE_MEASURED, int32_t* RATE_
MEASURED){
  // Calculate deltaT
  timenow = millis();
  float dt = (timenow - timeprev)/978.;
  timeprev = timenow;
    for(i=0;i<3;i++){
    // Angle Error
    ANGLE_ERROR[i] = constrain(ANGLE_TARGET[i] - ANGLE_MEASURED[i] + TRIM[i],
-LIMIT_ANGLE_ERROR[i], LIMIT_ANGLE_ERROR[i]);

    // P Term
    P_TERM[i] = ANGLE_ERROR[i] * KP[i];

    // I Term
    I_TERM[i] += (KI[i] * (float)ANGLE_ERROR[i] * dt);
    I_TERM[i] = constrain((float)I_TERM[i], -1500, 1500);
    if(ANGLE_TARGET[3] <= 10){
      I_TERM[i] = 0;
    }

    // D Term
    DELTA[i] = (ANGLE_ERROR[i] - _ANGLE_ERROR[i])/dt;
    float alpha = (2*PI*dt*20) / (2*PI*dt*20 + 1);
    DELTA[i] = (alpha*(float)DELTA[i]) + ((1-alpha)*(float)_DELTA[i]);
```

```
  _DELTA[i] = DELTA[i];
  D_TERM[i] = DELTA[i];

  // SUMMATION
  OUTPUT_STAB[i] = constrain(P_TERM[i] + I_TERM[i] - (KD[i] * D_TERM[i]), -12000,
12000);
  _RATE_MEASURED[i] = RATE_MEASURED[i];


 }

 #ifdef MPU6050
  OUTPUT_STAB[2] = ANGLE_TARGET[2];
 #endif

 for(i=0;i<3;i++){
  // Rate Error
  RATE_ERROR[i] = OUTPUT_STAB[i] - RATE_MEASURED[i];

  // P Term
  P_TERM_RATE[i] = RATE_ERROR[i] * KP_RATE[i];

  // I Term
  I_TERM_RATE[i] += (KI_RATE[i] * (float)RATE_ERROR[i] * dt);
  I_TERM_RATE[i] = constrain(I_TERM_RATE[i], -LIMIT_I_RATE[i], LIMIT_I_RATE[i]);
  if(ANGLE_TARGET[3] <= 10){
   I_TERM_RATE[i] = 0;
  }

  // D Term
  DELTA_RATE[i] = (RATE_ERROR[i] - _RATE_ERROR[i])/dt;
  float alpha = (2*PI*dt*20) / (2*PI*dt*20 + 1);
  DELTA_RATE[i] = (alpha*(float)DELTA_RATE[i]) + ((1-alpha)*(float)_DELTA_RATE[i]);
  _DELTA_RATE[i] = DELTA_RATE[i];
  D_TERM_RATE[i] = DELTA_RATE[i];

  // SUMMATION
  output[i] = constrain(P_TERM_RATE[i] + I_TERM_RATE[i] + (KD_RATE[i] * D_TERM_
RATE[i]), -LIMIT_OUTPUT[i], LIMIT_OUTPUT[i]);
  _RATE_ERROR[i] = RATE_ERROR[i];
  }


}
```

DC 모터를 제어하기 위해서는 PWM 신호를 이용하여 트랜지스터의 스위칭 기능을 활용하는 간접적인 방식으로 제어한다. PWM 신호를 사용하여 모터를 제어하는 경우 주기와 듀티비에 따라서 모터의 회전 속도를 제어할 수 있다. 이때 중요한 점은 제어 주기인데 제어 주기가 낮을 경우 모터의 회전 속도는 제어할 수 있지만 낮은 제어 주기로 인해 모터의 소음이 크게 증가하게 된다. 따라서 모터를 적절하게 제어하기 위해서는 최소 8kHz 이상의 제어 주기가 좋으며 이를 반영하기 위해 모터 제어 모듈은 PWM 신호의 주기를 조절하는 프로그램을 내장하고 있다.

모터 제어 모듈의 프로그램은 다음과 같다.

#예제 3. 모터 제어 모듈 프로그램

```
#include "configure.h"
#include "output.h"

#ifdef DC
 void DCMOTOR::Initialize(){
  SetFrequency();
  Serial.println("Motor Type : DC Motor");
 }

 void DCMOTOR::SetFrequency(){
  // Set Timer 0
  // Fast PWM Mode

  TCCR0A = _BV(COM0A1) | _BV(COM0B1) | _BV(WGM01) | _BV(WGM00);

  // Set Prescaler
  TCCR0B = _BV(CS00) | _BV(CS01);

  // Set Timer 1
  // Fast PWM Mode
  TCCR1A = _BV(COM1A1) | _BV(COM1B1) | _BV(WGM10);
```

```
// Set Prescaler
TCCR1B = _BV(WGM12) | _BV(CS10) | _BV(CS11);

// Set Timer 2
// Fast PWM Mode
TCCR2A = _BV(COM2A1) | _BV(COM2B1) | _BV(WGM21) | _BV(WGM20);

// Set Prescaler
TCCR2B = _BV(CS22);
}
void DCMOTOR::mixing(uint8_t throttle, int16_t CTR_ROLL, int16_t CTR_PITCH, int16_t
CTR_YAW){
  #ifdef QUADX
    uint8_t FL = constrain(throttle + CTR_ROLL - CTR_PITCH + CTR_YAW , 0 , 255); //
Throttle Range is 0 ~ 255
    uint8_t FR = constrain(throttle - CTR_ROLL - CTR_PITCH - CTR_YAW , 0 , 255); // Throttle
Range is 0 ~ 255
    uint8_t RL = constrain(throttle + CTR_ROLL + CTR_PITCH - CTR_YAW, 0 , 255); //
Throttle Range is 0 ~ 255
    uint8_t RR = constrain(throttle - CTR_ROLL + CTR_PITCH + CTR_YAW, 0 , 255); //
Throttle Range is 0 ~ 255

    if(throttle <= 20){FL=0;FR=0;RL=0;RR=0;}

    analogWrite(MOTOR0, FL);   // FL : Pin No. 3
    analogWrite(MOTOR1, FR);   // FR : Pin No. 9
    analogWrite(MOTOR2, RL);   // RL : Pin No. 5
    analogWrite(MOTOR3, RR);   // RR : Pin No. 6
  #endif

  #ifdef HEXA
    uint8_t M1 = constrain(throttle + CTR_ROLL - CTR_PITCH + CTR_YAW, 0 , 255); // Throttle
Range is 0 ~ 255
    uint8_t M2 = constrain(throttle - CTR_ROLL - CTR_PITCH - CTR_YAW, 0 , 255); // Throttle
Range is 0 ~ 255
    uint8_t M3 = constrain(throttle + CTR_ROLL + CTR_PITCH + CTR_YAW, 0 , 255); // Throttle
Range is 0 ~ 255
    uint8_t M4 = constrain(throttle - CTR_ROLL + CTR_PITCH - CTR_YAW, 0 , 255); // Throttle
Range is 0 ~ 255
    uint8_t M5 = constrain(throttle + CTR_ROLL - CTR_YAW, 0 , 255); // Throttle Range is 0 ~
255
```

```
    uint8_t M6 = constrain(throttle - CTR_ROLL + CTR_YAW, 0 , 255); // Throttle Range is 0 ~
255

    if(throttle <= 20){M1=0;M2=0;M3=0;M4=0;M5=0;M6=0;}

    analogWrite(MOTOR0, M1);   // FL : Pin No. 3
    analogWrite(MOTOR1, M2);   // FR : Pin No. 9
    analogWrite(MOTOR2, M3);   // RL : Pin No. 5
    analogWrite(MOTOR3, M4);   // RR : Pin No. 6
    analogWrite(MOTOR4, M5);   // RR : Pin No. 10
    analogWrite(MOTOR5, M6);   // RR : Pin No. 11
  #endif
 }
#endif

#ifdef BLDC

 void BLDCMOTOR::Initialize(){
  Serial.println("Motor Type : BLDC Motor");
 }

#endif
```

》》 블루투스 제어 모듈 구현하기

드론은 기본적으로 무선 통신을 이용하여 제어한다. 만약 통신이 끊기게 된다면 드론은 더 이상 제어할 수 없으며 따라서 추락하거나 엉뚱한 방향으로 날아가 버려 파손되거나 분실할 우려가 있다. 따라서 통신이 최대한 끊기지 않아야 하며 블루투스는 이러한 점에 있어서 매력적인 대안이다. 이번 실습에서는 블루투스를 사용하여 드론을 제어할 것이다. 블루투스 제어 모듈은 통신 규약(Protocol)을 만드는 것이 핵심이다. 프로토콜은 데이터를 주고받을 때의 약속과 같은 것으로 안정적인 통신을 구현하기 위해 필요한 것이다.

HM-11 블루투스 모듈을 이용한 블루투스 통신 모듈의 프로그램은 다음과 같다.

#예제 4. 블루투스 통신 모듈

```
#include "configure.h"
#include "control.h"

#ifdef BLUETOOTH

SoftwareSerial BT(TX, RX);

void _BLUETOOTH::Initialize(){
  Serial.println("Controller Type : Bluetooth");
  BT.begin(38400);
}

void _BLUETOOTH::readValue(){
  uint8_t i = 0;

  if(BT.available() >= DATA_LENGTH){
    for(i=0;i<DATA_LENGTH;i++){
      data[i] = BT.read();
    }
    if(data[0] == 202 && data[1] == 210){
      CON_LIMIT = 1500;   // Control Limit is 15 Degrees
    }
    else if(data[0] == 202 && data[1] == 211){
      CON_LIMIT = 2000;   // Control Limit is 20 Degrees
    }
    else if(data[0] == 202 && data[1] == 212){
      CON_LIMIT = 3000;   // Control Limit is 30 Degrees
    }
      control[0] = map(data[4], 0, 200, -CON_LIMIT, CON_LIMIT);  // Roll Control Data
      control[1] = map(data[5], 0, 200, -CON_LIMIT, CON_LIMIT);  // Pitch Control Data
      control[2] = map(data[3], 0, 200, 12000, -12000);   // Yaw Control Data
      control[3] = map(data[2], 0, 200, 0, MAX_THROTTLE);  // Throttle Control Data
      if(control[2] <= 2000 && control[2] >= -2000){
        control[2] = 0;
      }
        if(data[0] == 201){
          control[0] = 0;
          control[1] = 0;
          control[2] = 0;
```

```
        control[3] = 0;
      }
    TRIM[0] = map(data[6], 0, 100, -500, 500);
    TRIM[1] = map(data[7], 0, 100, -500, 500);
  }
}
#endif
```

》》 소프트웨어 통합하기

위의 모듈을 각각 작성하였다면 이를 통합하여 실질적으로 사용할 수 있어야 한다. 따라서 주 프로그램에서는 각각의 모듈의 함수, 변수 정보를 담고 있는 헤더 파일을 삽입하여 사용해야 하며 전처리 구문 중 #include 구문을 사용하여 각 모듈의 헤더 파일을 삽입한다. 또 위에서 작성한 모듈은 클래스(Class)를 이용하여 제작되었으므로 클래스를 이용하기 위한 클래스명을 지정하여 사용한다.

위의 모듈을 통합한 비행 제어 소프트웨어는 다음과 같다.

#예제 5. 통합 비행 제어 소프트웨어

```
#include "configure.h"
#include "ahrs.h"
#include "control.h"
#include "output.h"
#include "pid.h"

#define KERNEL_VER 0.1
#define SOFTWARE_VER 0.99
#define LED 13

#ifdef BLUETOOTH
 _BLUETOOTH control;
#endif

#ifdef DC
  DCMOTOR output;
```

```
#endif
#ifdef BLDC
  BLDCMOTOR output;
#endif

#ifdef MPU6050
  _MPU6050 ahrs;
#endif
#ifdef MPU6500
  _MPU6500 ahrs;
#endif
#ifdef MPU9150
  _MPU9150 ahrs;
#endif
#ifdef MPU9250
  _MPU9250 ahrs;
#endif

PID pid;

boolean count = 0;

void Initialize(){
 // Basic Information
 Serial.begin(38400);
 Serial.println("Educopter Flight Control Software");
 Serial.print("Kernel Ver : ");Serial.println(KERNEL_VER);
 Serial.print("Software Ver : ");Serial.println(SOFTWARE_VER);
#ifdef QUADX
  Serial.println("Selected Type : QUAD-X");
#endif
#ifdef QUADP
  Serial.println("Selected Type : QUAD-P");
#endif
#ifdef HEXA
  Serial.println("Selected Type : HEXA");
#endif
#ifdef DC
  Serial.println("Motor Type : DC Motor");
#endif
#ifdef BLDC
```

```
  Serial.println("Motor Type : BLDC Motor");
#endif
#ifdef BLUETOOTH
  Serial.println("Controller : Bluetooth");
#endif
#ifdef MPU6050
  Serial.println("IMU Type : MPU6050");
#endif

pinMode(LED, OUTPUT);
digitalWrite(LED, LOW);

//set timer1 interrupt at 1Hz
TCCR1A = 0;// set entire TCCR1A register to 0
TCCR1B = 0;// same for TCCR1B
TCNT1  = 0;//initialize counter value to 0
// set compare match register for 1hz increments
OCR1A = 3124;// = (16*10^6) / (1*1024) - 1 (must be <65536)
// turn on CTC mode
TCCR1B |= (1 << WGM12);
// Set CS10 and CS12 bits for 1024 prescaler
TCCR1B |= (1 << CS12) | (1 << CS10);
// enable timer compare interrupt
TIMSK1 |= (1 << OCIE1A);
}

void setup() {
  //  Initialize Module
  Initialize();
  control.Initialize();

  // Begin Start-up Procedure
  uint8_t count = 0;
  while(1){
    control.readValue();

    if(Serial.read() == '5'){break;}

    if(control.data[0] == 202){
      break;
    }
```

```
  };
  output.Initialize();
  ahrs.Initialize();
  pid.Initialize();
  #ifdef QUADX
    pid.SetRollGain(0.12, 0.1, 0.006);
    pid.SetRollLimit(4500, 700, 5000);
    pid.SetPitchGain(0.12, 0.1, 0.006);
    pid.SetPitchLimit(4500, 700, 5000);
    pid.SetYawGain(0.48, 0, 0);
    pid.SetYawLimit(4500, 200, 10000);
  #endif
  #ifdef HEXA
    pid.SetRollGain(0.18, 0.08, 0.005);
    pid.SetRollLimit(4500, 600, 5000);
    pid.SetPitchGain(0.18, 0.08, 0.005);
    pid.SetPitchLimit(4500, 600, 5000);
    pid.SetYawGain(0.48, 0, 0);
    pid.SetYawLimit(4500, 200, 10000);
  #endif
  Serial.println("PID module Initialized");

  digitalWrite(LED, HIGH);
  Serial.println("Ready to Flight");
}

void loop() {
  // Get Control Input*/
  control.readValue();

  // Estimate Attitude
  ahrs.compute();

  int32_t attitude[2] = {0};
  attitude[0] = ahrs.attitude[0]*RAD2DEG*100;
  attitude[1] = ahrs.attitude[1]*RAD2DEG*100;

  int32_t rate[3] = {0};
  rate[0] = ahrs.rate[0]*RAD2DEG*100.;
  rate[1] = ahrs.rate[1]*RAD2DEG*100.;
  rate[2] = ahrs.rate[2]*100.;
```

```
// Applying Trimming
pid.Trimming(control.TRIM);

// Calculate Control Output
pid.compute(control.control, attitude, rate);

// Mixing Motor Control Value
output.mixing(control.control[3], pid.output[0]/100, pid.output[1]/100, pid.output[2]/100);
}

ISR(TIMER1_COMPA_vect){
  if(count == 1){
    digitalWrite(13, HIGH);
    count = 0;
  }
  else if(count == 0){
    digitalWrite(13, LOW);
    count = 1;
  }
}
```

Part 5

조종과
제어
시스템

비행하기 전에

드론을 비행하기 위해서는 조종기에 대한 간단한 지식이 있어야 한다. 앞뒤, 좌우만 움직일 수 있는 자동차와는 달리 드론은 3차원 공간을 비행하므로 총 여덟 방향으로 움직일 수 있다. 먼저 드론의 고도를 결정하는 위/아래 방향이 있으며 당연하게도 앞/뒤/좌/우 방향으로도 움직일 수 있다. 남은 두 방향은 수직축(Z축)을 기준으로 좌/우로 기체가 회전할 수 있다. 자동차에 비해 움직일 수 있는 방향이 많은 만큼 조종 난이도도 높다. 최근에 출시되는 드론은 초보자도 쉽게 조종할 수 있도록 각종 센서를 탑재하여 조종을 보조하는 추세이다.

따라서 총 여덟 방향으로 움직이는 드론을 제어하기 위해서는 여덟 방향으로 움직일 수 있는 조이스틱이 필요하며 보통 두 개의 조이스틱을 이용하여 기체를 제어한다. 드론의 조종기는 두 개의 조이스틱이 제어하는 방향에 따라 분류되며 보통 Mode 1, Mode 2로 불린다. Mode 1 조종기는 RC 비행기를 조종할 때 많이 쓰이던 방식이었으며 최근에는 Mode 2 조종기를 더 많이 쓰고 있다. Mode 1 조종기의 조이스틱은 다음과 같은 방향을 제어한다.

▶▶ MODE 1 조종기 레이아웃

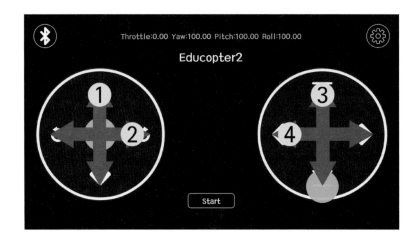

1	피치(Pitch) 제어 : 기체를 앞/뒤로 이동시키는 제어 수행(오른쪽 조이스틱 상/하)
2	요(Yaw) 제어 : 기체를 좌/우로 회전시키는 제어 수행(왼쪽 조이스틱 좌/우)
3	스로틀(Throttle) 제어 : 모터의 회전 속도 제어(왼쪽 조이스틱 상/하)
4	롤(Roll) 제어 : 기체를 좌/우로 이동시키는 제어 수행(오른쪽 조이스틱 좌/우)

MODE 2 조종기 레이아웃

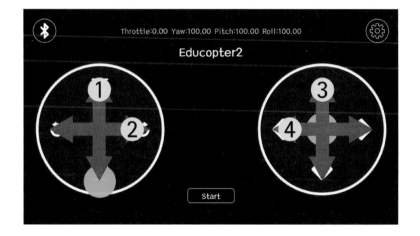

1	스로틀(Throttle) 제어 : 모터의 회전 속도 제어(왼쪽 조이스틱 상/하)
2	요(Yaw) 제어 : 기체를 피/우로 회전시키는 제어 수행(왼쪽 조이스틱 좌/우)
3	피치(Pitch) 제어 : 기체를 앞/뒤로 이동시키는 제어 수행(오른쪽 조이스틱 상/하)
4	롤(Roll) 제어 : 기체를 좌/우로 이동시키는 제어 수행(오른쪽 조이스틱 좌/우)

MODE 1 조종기와 MODE 2 조종기는 각각의 조이스틱이 제어하는 요소가 달라 물리적인 조종기로 두 가지 모드를 지원하기에는 한계가 있다. 하지만 소프트웨어, 즉 제어 애플리케이션을 이용하면 두 가지 모드를 모두 지원할 수 있으나 조이스틱을 움직이더라도 저항이 느껴지지 않아 물리적인 조종기에 비해 조종감이 떨어진다는 단점이 있다.

우리는 두 가지 모드를 모두 사용하기 위해 제어 애플리케이션을 이용하여 비행을 할 것이다.

본 책에서는 EDUCOPTER NANO Quad를 기준으로 조종기의 사용 방법과 비행 방법을 설명할 것이며, 다른 드론의 경우 제조사별로 별도의 조종기 사용 방법이 있으니 반드시 사용 설명서를 읽은 후 조종기를 사용해야 한다.

≫ EDUCOPTER 시리즈 제어 앱 설치하기

EDUCOPTER NANO 시리즈를 사용하기 위해서는 별도의 블루투스 제어 애플리케이션이 필요하다.

① Google Play Store를 실행한 후 검색창에 Educopter를 검색한다.

② 설치 버튼을 눌러 Educopter Controller를 설치한다.

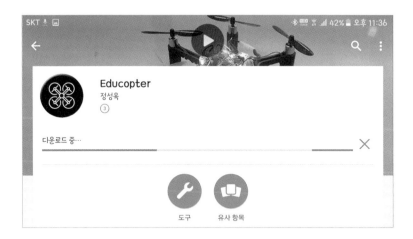

③ 설치 후 프로그램을 실행한 후 이상 유무를 점검한다.

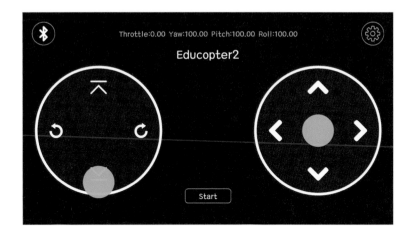

》 제어 애플리케이션 사용하기

EDUCOPTER 제어 애플리케이션을 설치한 후 실행하면 다음과 같은 화면을 볼 수 있다. 각 화면은 기체와 연결하는 바인딩(Binding)을 원활히 수행하고 기체를 적절하게 조종하기 위해 필요한 요소이므로 잘 이해하고 사용해야 한다.

제어 애플리케이션의 전체적인 레이아웃은 다음과 같다.

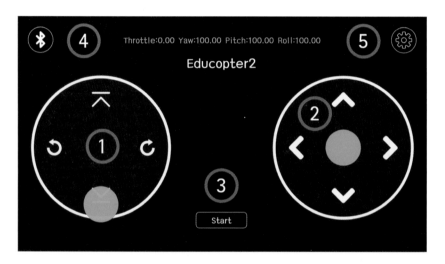

1	스로틀(Throttle)/요(Yaw) 제어 조이스틱
2	롤(Roll)/피치(Pitch) 제어 조이스틱
3	시작(Start)/중지(Stop) 버튼
4	블루투스(Bluetooth) 연결 및 연결 해제 버튼
5	설정(Setting) 메뉴

제어 애플리케이션 설정하기

드론은 사용자의 숙련도에 따라 반응 속도와 각도를 다르게 조종할 수 있어야 한다. 초보자의 경우 급격한 움직임이 있을 경우 당황하여 기체의 제어 능력을 상실할 수 있기 때문이다. 이 외에도 조종기 모드를 선택한다든지, 미세 조정(TRIM)을 설정하는 것과 같은 부가적인 설정을 해야 한다.

다음 패널은 이러한 설정을 할 수 있는 설정 패널의 레이아웃이다.

	민감도 수준 선택(Easy, Normal, Sport) 버튼(기본 : Normal Mode)		
1	Easy Mode	Normal Mode(Default)	Sport Mode
	느린 반응 속도, 안정성 향상	보통 반응 속도, 보통 안정성	빠른 반응 속도, 다소 불안정
2	왼손 모드 설정/해제 버튼. 왼손 모드 설정 시 조종기의 좌/우가 반전됨(기본 : 해제).		
3	조종기 모드 설정 버튼. 모드 1과 모드 2를 지원함(기본 : 모드2).		
4	스마트폰의 자이로 센서를 사용한 조종 모드 설정/해제 버튼(기본 : 해제)		
5	좌/우 제어 값을 미세하게 조절할 수 있는 트림(Trim) 기능 설정(기본 : 0.0)		
6	앞/뒤 제어 값을 미세하게 조절할 수 있는 트림(Trim) 기능 설정(기본 : 0.0)		

조종하기

모든 설정을 마친 후 애플리케이션의 사용법에 익숙해졌다면 드론과 애플리케이션을 연결(바인딩)하여 사용할 수 있다. 물리적인 조종기와 달리 블루투스를 이용한 조종 애플리케이션은 조종기의 파손을 걱정할 필요가 없고 별도의 비용이 들지 않으며 높은 수준의 보안 성능을 제공하는 장점이 있다. 또한 블루투스의 특성상 연결에 성공하였다면 통신 범위를 넘어가지 않는 한 연결이 잘 끊기지 않는다.

EDUCOPTER NANO는 블루투스 저에너지(BLE)를 채택하여 스마트폰과 연결하여 조종할 수 있다. 스마트폰과 드론을 연결하여 사용하기 위해서는 다음과 같은 절차를 따라야 한다.

》》 비행하기

① 배터리를 삽입한 후 제어 보드의 전원 선과 배터리를 체결한다.

배터리를 끝까지 밀어 넣어 빠지지 않도록 한다.

② 제어 애플리케이션을 실행한 후 블루투스 검색 버튼을 누른다.

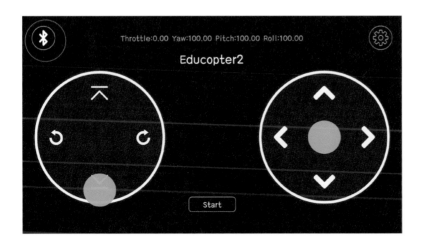

검색 전 반드시 블루투스 연결 설정을 해야 하며 그렇지 않을 경우 연결이 불가능하다.

③ 검색 목록 중 미리 설정한 이름을 확인한 후 터치하여 연결한다.

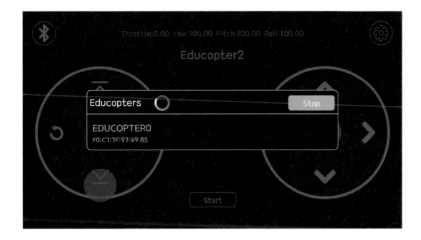

연결되면 우측 상단의 블루투스 아이콘의 배경이 초록색으로 변경된 것을 확인할 수 있다.

④ EDUCOPTER를 수평한 곳에 위치시킨 후 START 버튼을 눌러준다.

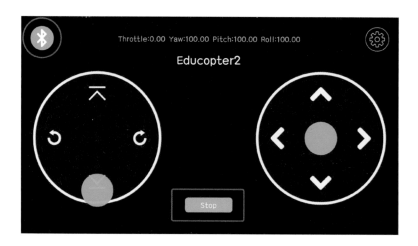

수평한 곳에 위치하지 않을 경우 정상적으로 비행하는 것이 불가능하다.

⑤ Throttle 조이스틱을 상하로 움직여 모터 출력을 높이거나 낮출 수 있다.

스로틀을 조절하기 전에 드론을 안전한 위치에 위치시킨 후 사용해야 한다.

6 비행을 중지하고 싶을 때에는 STOP 버튼을 눌러 일시적으로 중지할 수 있다.

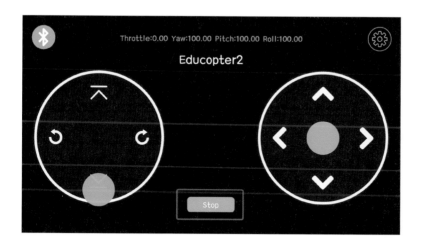

STOP 버튼을 누르면 제어 신호가 전달되지 않는다. 하드웨어 리셋은 리셋 버튼을 눌러야 한다.

Chapter 03

지상 제어 시스템(Ground Control System, GCS)

드론은 무선 조종 신호를 받아서 움직이거나 스스로 주위 상황을 인지하여 비행할 수 있다. 전자의 경우 무선 조종 신호를 송출하거나 드론의 비행 데이터를 수신하여 분석할 시스템이 필요한데 이를 제어 스테이션(Control Station)이라고 한다. 드론의 경우 하늘을 날아다니는 드론과 대비하여 제어 시스템은 보통 지상에 있으므로 지상 제어 스테이션(Ground Control Station, GCS)이라고 한다. 지상 제어 시스템은 간단한 조종 애플리케이션에서부터 여러 개의 컴퓨터를 사용하거나 위성 통신을 이용하여 제어하는 시스템에 이르기까지 다양한 종류가 존재한다.

└ 노트북을 기반으로 하는 지상 제어 시스템(GCS)(출처 : ASSECO POLLAND)

GCS가 하는 역할은 매우 다양한데 가장 기본적인 임무는 지상에서 드론을 안전하게 조종하는 것이다. 따라서 드론과 안정된 연결을 할 수 있는 무선 및 유선 통신 장치를 갖추어야 한다. 스마트폰과 같은 휴대용 기기에서는 블루투스, Wi-Fi 등과 같은 근거리 무선 네트워크 기술을 많이 사용한다. 산업용 드론이나 군용 드론과 같이 보다 전문적인 임무를 수행하는 경우에는 근거리 무선 네트워크 기술로는 조종과 데이터 통신 거리에 한계가 있어 거의 사용하지 않으며 무선 이동 통신(LTE 등)이나 위성 인터넷(Satellite Communication, SATCOM), 고출력 RF 제어 시스템을 이용한다.

또한 GCS는 드론의 비행 데이터를 수집하여 저장하거나 분석하여 유용한 정보를 만들어 내는 역할도 수행한다. 최근 드론이 가장 활발하게 사용되는 분야는 항공 촬영이며 이 분야에서 쓰이는 GCS는 카메라가 담아내는 영상을 실시간으로 조종자에게 전송하여 원하는 구도의 영상이나 사진을 촬영할 수 있도록 도와주기도 한다. 또한 드론이 보내는 영상을 분석하여 장애물의 위치나 원하는 목표물을 감시 · 추적할

└ RQ–9B Reaper에 탑재된 SATCOM 안테나

수 있도록 하며 이 경우 군대나 경찰과 같은 감시 · 정찰의 필요가 있는 분야에서 쓰이고 있다.

야외에서 주로 사용되는 드론의 특성상 드론과 더불어 GCS의 내구성도 중요한 요소 중의 하나이다. GCS가 파괴되면 드론은 조종 신호를 더 이상 받아들일 수 없으므로 자동적으로 출발 지점으로 돌아오거나 추락할 수 있다. 따라서 GCS는 먼지와 수분과 같은 적대적인 환경으로부터 내부 시스템을 보호하기 위하여 두꺼운 알루미늄 케이스와 완충재로 포장하여 사용한다. 특히 군용 드론을 제어하는 GCS의 경우 전장에서도 무리 없이 작동될 수 있도록 아머 케이스 (Armor Case)에 보호하여 사용한다.

└ 강화 케이스가 적용된 GCS(출처 : Octopus ISR Systems)

무인 항공기 드론
소프트웨어를 만나다
스스로 만드는 비행 제어 소프트웨어

발 행 일 2018년 1월 5일 초판 1쇄 인쇄
2018년 1월 10일 초판 1쇄 발행

저 자 정성욱

발 행 처 크라운출판사
http://www.crownbook.com

발 행 인 이상원
신고번호 제 300-2007-143호
주 소 서울시 종로구 율곡로13길 21
대표전화 02) 745-0311~3
팩 스 02) 766-3000
홈페이지 www.crownbook.com

I S B N 978-89-406-3539-1 / 03550

특별판매정가 20,000원

이 도서의 문의를 편집부(02-6430-7012)로 연락주시면
친절하게 응답해 드립니다.